Physikalisch-chemische Mineralogie kompakt

Matthias Göbbels

Jens Götze

Werner Lieber

Physikalisch-chemische Mineralogie kompakt

Matthias Göbbels
Lehrstuhl für Mineralogie
GeoZentrum Nordbayern
Erlangen, Deutschland

Jens Götze
Institut für Mineralogie
TU Bergakademie Freiberg
Freiberg, Deutschland

Werner Lieber
Heidelberg, Deutschland

ISBN 978-3-662-60727-5   ISBN 978-3-662-60728-2 (eBook)
https://doi.org/10.1007/978-3-662-60728-2

Die Deutsche Nationalbibliothek verzeichnet diese Publikation in der Deutschen Nationalbibliografie; detaillierte bibliografische Daten sind im Internet über ► http://dnb.d-nb.de abrufbar.

Planung/Lektorat: Stephanie Preuss
Springer Spektrum ist ein Imprint der eingetragenen Gesellschaft Springer-Verlag GmbH, DE und ist ein Teil von Springer Nature.
Die Anschrift der Gesellschaft ist: Heidelberger Platz 3, 14197 Berlin, Germany

Einleitung

Die Mineralogie und die Material-/Werkstoffwissenschaften sind eng verwandte Fachrichtungen. Mit den Grundlagen der Kristallographie, Kristallchemie, Materialphysik und der Phasenlehre besitzen beide eine vergleichbare, naturwissenschaftliche Basis, die sich in diesem Nachschlagewerk widerspiegelt.

Die Zielgruppen sind somit Studierende aber auch im Beruf tätige der Mineralogie, Material-/Werkstoffwissenschaft, Physik, Chemie und verwandter Disziplinen. Das Nachschlagewerk soll einen schnellen und kompakten Einstieg und Überblick in die Materie ermöglichen.

Die Mineralogie befasst sich mit den überwiegend kristallinen Bausteinen der uns umgebenden geologischen Materie, den Mineralen. Aus dieser Stellung heraus entwickelte sich die Mineralogie mit als eine der ältesten Wissenschaften. Die moderne Mineralogie befasst sich darüber hinaus mit vielen praktischen Aspekten wie z. B. mit Problemen mineralischer Rohstoffe, Mineralen in technischen Prozessen bis hin zum Einsatz von Mineralen in hochentwickelten Werkstoffen und der Mineral-/Materialsynthese.

Da sich die moderne Mineralogie am Schnittpunkt zwischen Naturwissenschaften und Ingenieurwissenschaften/Technik bewegt, nehmen physikalische und chemische Aspekte eine zentrale Rolle ein und sollen in diesem kompakten Nachschlagewerk behandelt werden. Damit soll auch eine Grundlage für viele Anwendungsaspekte bei der Gewinnung und Aufbereitung von Rohstoffen, in der keramischen Industrie, der Glasindustrie, der Baustoffindustrie, der Hüttenindustrie oder der Umwelt- und Abfallwirtschaft geschaffen werden.

Bevor grundlegende Fakten und Zusammenhänge in den folgenden Kapiteln abgehandelt werden, sollen einige Grundbegriffe der Mineralogie und angrenzender Bereiche kurz erläutert werden:

Mineralogie

Lehre von den Mineralen (Entstehung, Vorkommen, Eigenschaften), den überwiegend kristallinen Bausteinen der uns umgebenden geologischen Materie. Die moderne Mineralogie ist die materialbezogene Geowissenschaft. Sie erforscht die chemischen, physikalischen und biogenetischen Eigenschaften der Materie und deren Rolle in den Prozessen des Systems Erde.

Mineral

Stofflich einheitlicher (homogener), meist fester, anorganischer Bestandteil der natürlichen, festen Materie; nach chemischer Zusammensetzung entweder Element oder Verbindung von Elementen. Fast alle Minerale sind kristallin, d. h., sie besitzen eine Kristallstruktur. Die zunehmende Herstellung und Nutzung technischer Materialien führte dazu, dass der Mineralbegriff heute auch auf synthetische Produkte erweitert wird.

Mineralparagenese

Charakteristische Vergesellschaftung von Mineralen, die am gleichen Ort und annähernd gleichzeitig unter analogen physikalisch-chemischen Bedingungen nebeneinander entstanden sind.

Kristall

Festkörper, dessen Bausteine (Atome, Ionen oder Moleküle) dreidimensional periodisch nach Art eines Raumgitters (Kristallstruktur) angeordnet sind. Kristalle können mikroskopisch klein, aber auch einige Meter groß sein und entwickeln sich bei ungehindertem Wachstum zu geometrischen Körpern mit Ecken, geraden Kanten und ebenen Flächen.

Kristallographie

Wissenschaft von den Kristallen, ihrer Struktur, Entstehung und ihren Eigenschaften. Sie überschneidet sich stark mit den Nachbarwissenschaften Mineralogie, Festkörperphysik, Chemie und Materialwissenschaft; historisch gesehen ist die Kristallographie ein Teilgebiet der Mineralogie.

Kristallchemie

Teildisziplin der Kristallographie, die sich mit den Zusammenhängen zwischen der chemischen Zusammensetzung kristalliner Stoffe und deren Strukturaufbau sowie den daraus folgenden physikalischen Eigenschaften befasst.

Phasenlehre

Lehre von Gleichgewichtszuständen und Zustandsänderungen von Phasen mit Mitteln der Thermodynamik. Phasen sind Materialbereiche definierter chemischer Zusammensetzung und Struktur mit überall gleichen Eigenschaften. Jedes Mineral ist eine eigenständige Phase. Mehrere Phasen bilden ein System, unterschieden in Ein- und Mehrstoffsysteme.

Gestein

Mehr oder weniger stark verfestigtes, natürlich auftretendes, in der Regel mikroskopisch heterogenes Gemisch aus Mineralkörnern, Gesteinsbruchstücken und/oder organischen Bestandteilen als Ergebnis eines definierten geologischen Vorgangs. Monomineralische Gesteine werden aus einer Mineralart aufgebaut, während polymineralische Gesteine aus zwei oder mehr verschiedenen Mineralkomponenten zusammengesetzt sind.

Petrologie

Die Petrologie, d. h. die Gesteinskunde, ist die Lehre von der Entstehung, den Eigenschaften und der Nutzung der Gesteine.

Geochemie

Wissenschaft von der chemischen Zusammensetzung der Erde und extraterrestrischer Materie sowie der Verteilung der chemischen Elemente und deren Gesetzmäßigkeiten.

Inhaltsverzeichnis

Kristallographie

© Springer-Verlag GmbH Deutschland, ein Teil von Springer Nature 2020
M. Göbbels, J. Götze und W. Lieber, *Physikalisch-chemische Mineralogie kompakt*, https://doi.org/10.1007/978-3-662-60728-2_1

Kristalle sind Festkörper, deren Bausteine sich dreidimensional symmetrisch periodisch anordnen. Diese Anordnung ist für jedes Material und jede Modifikation typisch und folgt mathematisch geometrischen Gesetzmäßigkeiten der Symmetrie. Die Bausteine bilden ein Raumgitter, das die Grundlage der Symmetriebetrachtungen ist. Wie die Kristallchemie diese Bausteine mit Ionen und Molekülen füllt, wird in diesem Kapitel nicht weiter diskutiert.

Aufgrund der inneren Symmetrie bilden sich bei ungehindertem Wachstum Kristalle, die geometrischen Formen entsprechen.

1.1 Kristalle

Ein unbehindertes Wachstum von Kristallen führt zu geometrischen Körpern mit Ecken, geraden Kanten und ebenen Flächen. Dies führt zu einer in sich geschlossenen Kristallform. Im Folgenden werden die Begriffe „Kristall" und „Kristallform" gleichbedeutend verwendet.

Der Euler'sche Satz beschreibt die Kristallform mathematisch:

Zahl der Ecken (E) + Zahl der Flächen (F) =

Zahl der Kanten (K) + 2

Diese Regel gilt für alle Kristalle. Kristalle besitzen ihre definierte Symmetrie. Sie ist mitunter schwer erkennbar, weil die meisten natürlichen Kristalle infolge ungleichmäßiger Substanzzufuhr bzw. Wärmeabfuhr (sog. Milieufaktoren) nicht gleichmäßig gewachsen, sondern verzerrt sind (◘ Abb. 1.1).

Die Winkelmessung zwischen Flächen ist eine Grundlage der Kristallographie. Das Gesetz der Winkelkonstanz nach Steno beschreibt dies: Die Winkel zwischen zwei gleichen Flächen (Kantenwinkel) an Kristallen ein und desselben Materials sind bei gleichem Druck und gleicher Temperatur stets gleich.

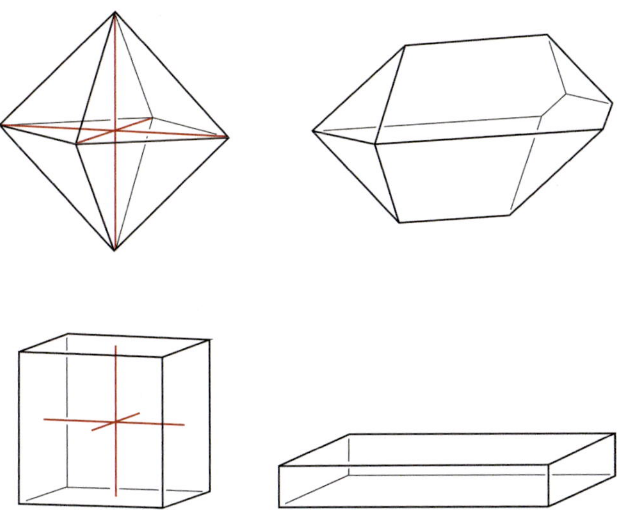

Abb. 1.1   Ideale (links) und verzerrte (rechts) Kristalle von Oktaeder (oben) und Würfel (unten)

So schließen z. B. zwei Prismenflächen des Quarzes stets einen Winkel von 120° ein, unabhängig davon, wo der Kristall gewachsen ist, und unabhängig von seiner Größe.

Diese Winkel zwischen zwei Flächen können mit einem Goniometer gemessen werden. Ein Anlegegoniometer wird an Flächen angelegt, ein Reflexionsgoniometer nutzt die Reflexion von Lichtstrahlen an den entsprechenden Kristallflächen (Abb. 1.2).

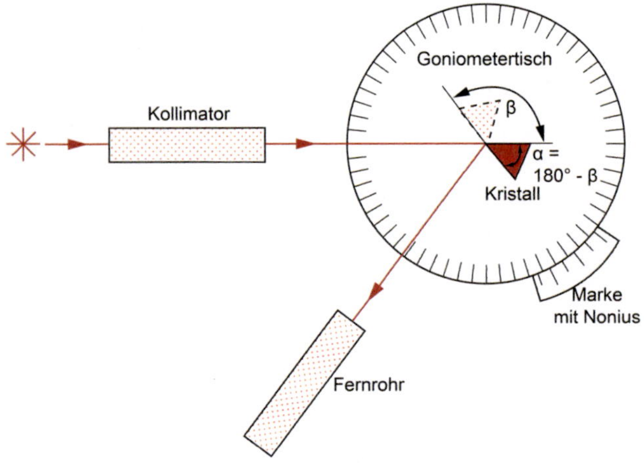

◘ Abb. 1.2   Prinzip der Winkelmessung mit einem einkreisigen Reflexionsgoniometer

1.2 Kristallsysteme, Achsenkreuze und ihre Aufstellung

Zur Darstellung der Flächenlagen von Kristallen im Raum ist ein dreiachsiges Koordinatensystem (Achsenkreuz) notwendig. Die Auswahl der Achsen ist so, dass sie mögliche Kristallkanten sein können. Es existieren sieben Achsenkreuze, die sog. Kristallsysteme (◘ Abb. 1.3).

Die Kristallsysteme werden durch die Achsen a, b und c definiert. Gleichwertige Achsen sind in ihren Achsenabschnitten gleich, ungleichwertige ungleich. Neben den Achsen sind auch die Winkel zwischen den Koordinatenachsen α, β und γ wichtig. Dabei wird α von den Achsen b und c, β von a und c und γ von

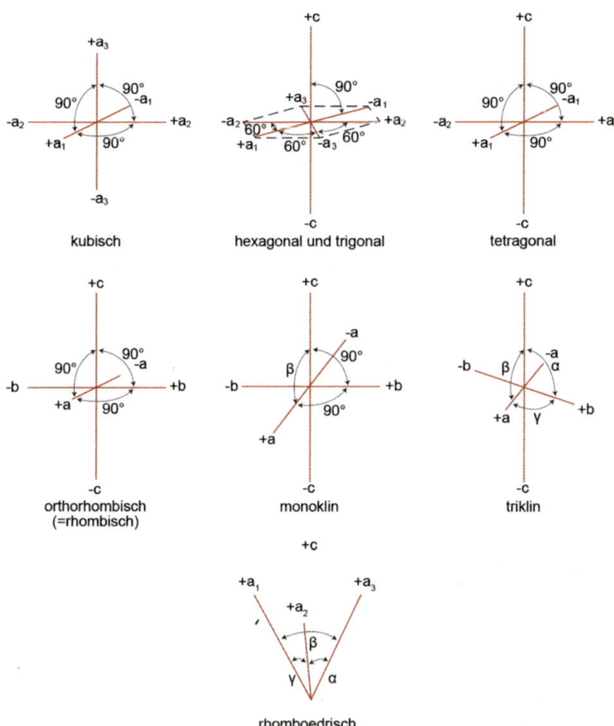

◻ **Abb. 1.3**   Die sieben Kristallsysteme

a und b eingeschlossen. Die Kristallsysteme hexagonal, trigonal und tetragonal besitzen eine Hauptachse; diese ist die c-Achse. Als siebtes Kristallsystem hat man das rhomboedrische als Alternativaufstellung des trigonalen Kristallsystems definiert.

Kubisches Kristallsystem

Es finden sich gleichwertige Achsen, $a = b = c$ ($a_1 = a_2 = a_3$), und ein rechtwinkeliges Koordinatensystem, $\alpha = \beta = \gamma = 90°$. Da die Achsen a, b und c gleichwertig sind, werden üblicherweise die Bezeichnungen a_1, a_2 und a_3 verwendet.

Hexagonales bzw. trigonales Kristallsystem

Es finden sich die Hauptachse c und zwei andere ungleichwertige Nebenachsen a_1 und a_2, oft wird auch eine weitere Nebenachse a_3 angegeben, die sich aber aus a_1 und a_2 geometrisch ableitet, $c \neq a_1 = a_2 = a_3$. Der Winkel zwischen der Hauptachse c und den Nebenachsen ist rechtwinklig, zwischen den Nebenachsen untereinander 120°, $\alpha = \beta = 90°$, $\gamma = 120°$.

Tetragonales Kristallsystem

Es finden sich die Hauptachse c und zwei andere ungleichwertige Nebenachsen a_1 und a_2 mit $c \neq a_1 = a_2$ und ein rechtwinkeliges Koordinatensystem, $\alpha = \beta = \gamma = 90°$.

(Ortho)rhombisches Kristallsystem

Es finden sich drei ungleichwertige Achsen mit $a \neq b \neq c$ und ein rechtwinkeliges Koordinatensystem, $\alpha = \beta = \gamma = 90°$.

Monoklines Kristallsystem

Es finden sich drei ungleichwertige Achsen mit $a \neq b \neq c$ und $\beta \neq \alpha = \gamma = 90°$.

Triklines Kristallsystem

Es finden sich drei ungleichwertige Achsen mit $a \neq b \neq c$ und $\alpha \neq \beta \neq \gamma$.

Rhomboedrisches Kristallsystem

Das rhomboedrische Kristallsystem ist eine alternative Aufstellung des trigonalen Kristallsystems. Es finden sich gleichwertige Achsen, $a = b = c$ ($a_1 = a_2 = a_3$), und ein Koordinatensystem mit den Winkeln $\alpha = \beta = \gamma \neq 90°$.

1.3 Lage und Bezeichnung von Kristallflächen

Die Flächen eines Kristalls können entweder eine, zwei oder alle Achsen schneiden. Ihre Lage wird durch die Angabe der jeweiligen Achsenabschnitte definiert. Dabei ist die tatsächliche Lage weniger bedeutsam als das Verhältnis der Achsenabschnitte. Dies lässt sich über geometrische Betrachtungen mit den Winkeln, die die Kristallflächen miteinander einschließen, korrelieren.

Mit der Angabe der Achsenabschnitte lässt sich jede Fläche beschreiben. Eine Fläche, die alle drei Achsen (a, b, c) schneidet, erhält die Bezeichnung **m** a:**n** b:**p** c.

Liegt eine Fläche einer Achse parallel, so schneiden sich beide im Unendlichen (Wert des Achsenabschnitts ∞).

Die Miller'schen Indizes (hkl) sind die reziproken Werte der Achsenabschnitte mit Ganzzahligmachung durch die Multiplikation mit einem gemeinsamen Nenner. Für den Fall des Wertes der Achsenabschnitte ∞ wäre dies dann $1/\infty$, was als 0 gewertet wird.

Im hexagonalen und trigonalen Kristallsystem treten vier Achsen, a_1, a_2, a_3 und c, auf. Dabei ist a_3 aber aus a_1 und a_2 herleitbar. Möchte man alle vier Achsen berücksichtigen, erweitern sich die Miller'schen Indizes auf (hkil). Dabei ist $i = -(h + k)$.

Sollen die Miller'schen Indizes zur Beschreibung einer Form (Flächenvielfalt, Summe aller gleichwertigen Flächen) dienen, setzt man sie in geschweifte Klammern.

Beispiel: Kubisches Kristallsystem, Oktaeder wird durch $\{111\}$ beschrieben; damit werden die Flächen (111), $(11\bar{1})$, $(1\bar{1}1)$, $(\bar{1}11)$, $(\bar{1}\bar{1}1)$, $(\bar{1}1\bar{1})$, $(1\bar{1}\bar{1})$ und $(\bar{1}\bar{1}\bar{1})$ zusammengefasst.

Für die Bezeichnung der Fläche ist noch die Stellung der Fläche in Bezug auf den Oktanten des Achsenkreuzes zu berücksichtigen (◘ Abb. 1.4).

Das Achsenabschnittsverhältnis der grau hinterlegten Oktaederfläche in ◘ Abb. 1.4 links ist $1\ a_1:-1\ a_2:1\ a_3$. Somit ist der Miller'sche index $(1\bar{1}1)$. Die Lage im negativen Teil der a_2-Achse wird durch einen Strich über dem Index gekennzeichnet, $\bar{1}$, und wird „1 quer" gelesen. Eine Bezeichnung -1 findet sich auch, ist aber nicht notwendigerweise eindeutig.

Die Berechnung der Miller'schen Indizes beim hexagonalen bzw. trigonalen System erfolgt analog. In ◘ Abb. 1.4 rechts ist eine Fläche des hexagonalen Prismas grau hinterlegt. Ihre Achsenabschnittsverhältnisse sind $1\ a_1:4\ a_2:-1\ a_3:4\ c$. Daraus ergibt sich der Miller'sche Index $(10\bar{1}0)$.

Flächen „allgemeiner Lage" können je nach Lage zum Achsenkreuz verschiedene Achsenabschnittsverhältnisse bilden. So können gewisse Flächen mehr oder weniger steil oder stumpf geneigt sein. Dann wird bei Angabe des Miller'schen Index keine Zahl, sondern allgemein h bzw. k bzw. l angegeben.

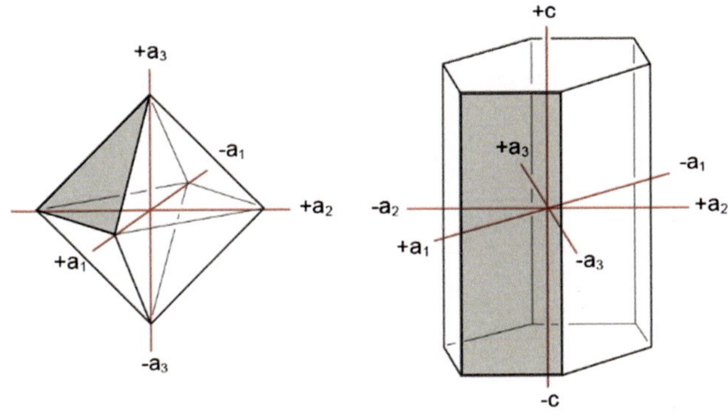

■ Abb. 1.4 Lage von Flächen in Bezug auf das Achsenkreuz. Links: Oktaeder. Rechts: hexagonales Prisma

Zur Beschreibung von Richtungen geht man von Vektoren entlang der Achsen aus. Die geeignete Vektorkombination einer Richtung wäre dann u $\vec{a}$: v $\vec{b}$: w $\vec{c}$ und wird somit in eckigen Klammern geschrieben: [uvw].

Bei der Indizierung von Flächen gilt das Rationalitätsgesetz: Indizes sind einfache rationale Zahlen und selten größer als 20.

1.4 Zonen

Mit parallelen Kanten aufeinanderstoßende Flächen nennt man tautozonal. Sie liegen in einer Zone, ihre gemeinsame Richtung ist die Zonenachse. In ■ Abb. 1.5 sind beispielhaft die Flächen einer Zone farblich markiert. Die Zonenachse wird immer durch das Zentrum des Kristalls gelegt.

Die Berechnung der Indizes von Flächen einer Zone (eines Zonenverbands) kann über die Miller'schen Indizes der Nachbarflächen erfolgen.

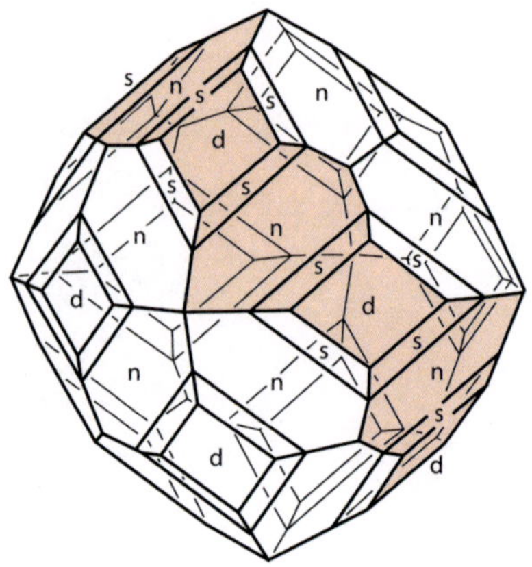

▣ Abb. 1.5   Zonen an einem Kristall. Rot hinterlegte Flächen sind tautozonal. d = {110} Flächen des Rhombendodekaeders, n = {211} Flächen des Ikositetraeders, s = {321} Flächen des Hexakisoktaeders

Beispiel (▣ Abb. 1.5): Die Rhomboederfläche d vorn oben hat den Index (101), die gleichwertige Fläche d hat den Index (110). Ihre Addition ergibt (211), den Index der zwischenliegenden Fläche n. Die Fläche s ergibt sich aus der Addition von (211) + (110) = (321).

Dieses Auffinden einer neuen Fläche nennt man Komplikation. Die Zonenachse wird mit [uvw] indiziert. Die Richtung der a-Achse wird mit [100], der b-Achse mit [010] und der c-Achse mit [001] indiziert.

Alle Flächen einer Zone müssen der Zonengleichung genügen:

$$h \cdot u + k \cdot v + l \cdot w = 0$$

mit (hkl) als Miller'sche Flächenindizes und [uvw] als Zonenachse.

1.5 Einfache Kristallformen und deren Kombinationen

Einfache Kristallformen sind am Auftreten von ausschließlich gleichwertigen Flächen am Kristall erkennbar. Gleichwertige Flächen lassen sich durch Anwendung der Symmetrieelemente ineinander überführen.

Hexaeder

Das Hexaeder (Würfel, Kubus) ist ein geometrischer Körper mit sechs Flächen und acht Ecken und gehört zum kubischen Kristallsystem (Abb. 1.6). Seine Flächenvielfalt wird mit {100} beschrieben. Die Flächen sind quadratisch und die Kanten alle gleich lang. Die Koordinatenachsen des kubischen Kristallsystems stechen senkrecht aus den Flächen heraus.

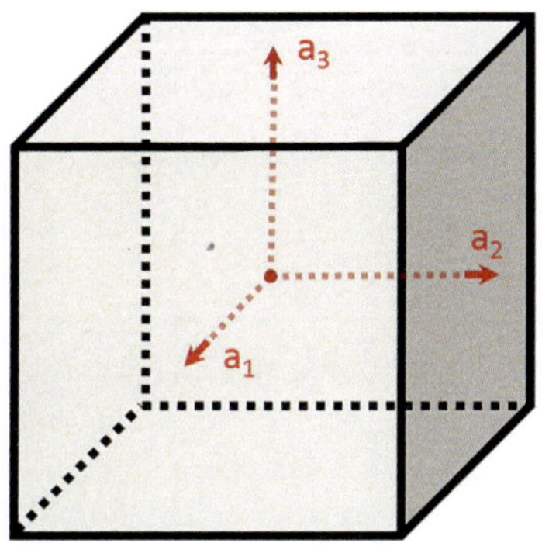

Abb. 1.6 Hexaeder

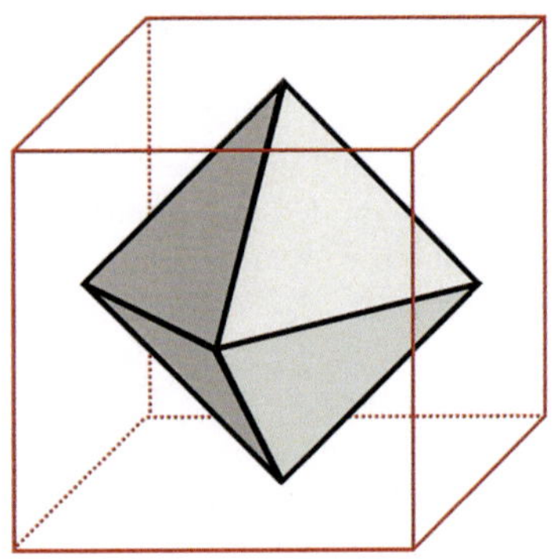

◘ Abb. 1.7   Oktaeder mit seiner Lage im Hexaeder

Oktaeder

Das Oktaeder ist ein geometrischer Körper mit acht Flächen und sechs Ecken und gehört zum kubischen Kristallsystem. Seine Flächenvielfalt wird mit {111} beschrieben. Die Flächen sind gleichseitige Dreiecke und die Kanten alle gleich lang.

Die Lage der Fläche des Hexaeders entspricht den Ecken des Oktaeders und die Flächen des Oktaeders den Ecken des Hexaeders (◘ Abb. 1.7).

Kubooktaeder

Das Kubooktaeder ist eine geometrische Form des kubischen Kristallsystems, das die Flächen des Hexaeders {100} und des Oktaeders {111} in sich kombiniert (◘ Abb. 1.8). Je nach Flächenverhältnissen zueinander nimmt es eher eine hexaedrische oder eine oktaedrische Dominanz an. Die Kombination aus zwei oder mehreren einfachen Formen zeigen

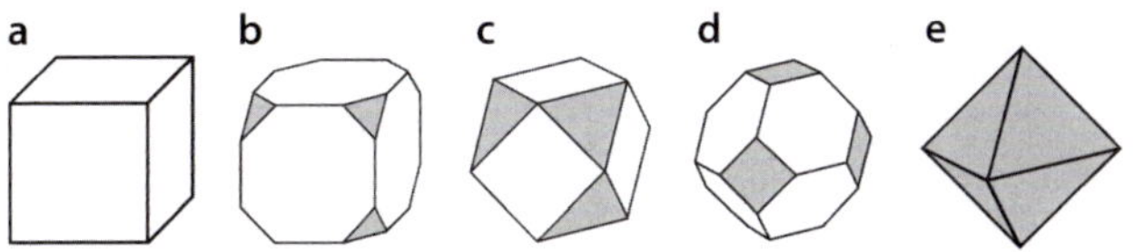

Abb. 1.8 Schritte von Hexaeder (**a**) und Oktaeder (**e**) über die Flächenkombinationen Kubooktaeder mit hexaedrischer Dominanz (**b**), Kubooktaeder (**c**) und Kubooktaeder mit oktaedrischer Dominanz (**d**)

ungleichwertige Flächen. Die dominierende Kristallform wird als tragende Form bezeichnet.

Tetraeder

Das Tetraeder ist ein geometrischer Körper mit vier Flächen und vier Ecken und gehört zum kubischen Kristallsystem (**Abb. 1.9**). Es existieren zwei Stellungen bezogen auf das Hexaeder. Das positive Tetraeder (erste Stellung) wird mit der Flächenvielfalt {111} und das negative Tetraeder (zweite Stellung)

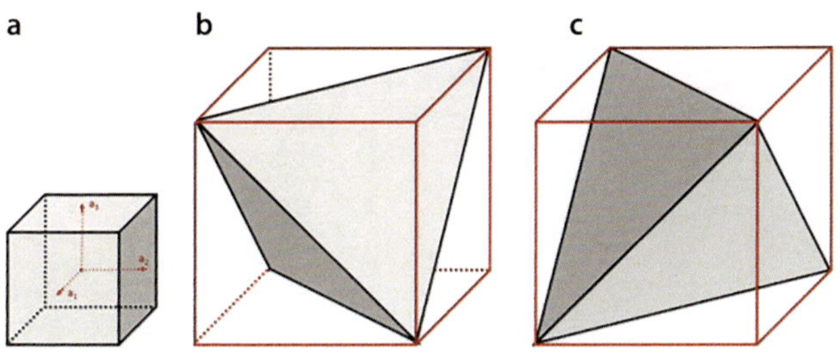

Abb. 1.9 Hexaeder mit Lage der Achsen im Vergleich (**a**), positiver Tetraeder erster Stellung (**b**) und negativer Tetraeder zweiter Stellung (**c**) mit ihren Lagen im Hexaeder

mit der Flächenvielfalt $\{1\bar{1}1\}$ beschrieben. Die Flächen sind gleichseitige Dreiecke und die Kanten alle gleich lang.

Unterschied zwischen Tetraeder und Disphenoid

Das Tetraeder gehört dem kubischen Kristallsystem an, wohingegen Disphenoide in eine oder zwei Achsenrichtungen verzerrt sind (gestaucht oder gestreckt) und den tetragonalen oder orthorhombischen Kristallsystemen angehören (◘ Abb. 1.10).

Unterschied zwischen Oktaeder und tetragonaler Dipyramide

Das Oktaeder gehört dem kubischen Kristallsystem an, wohingegen eine tetragonale Dipyramide in eine Achsenrichtung

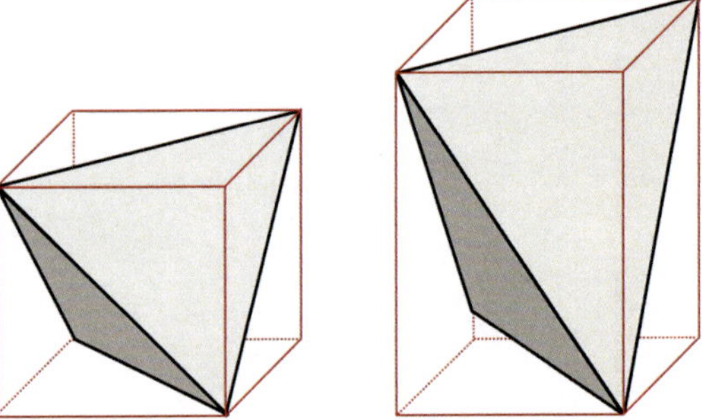

◘ **Abb. 1.10** Positiver Tetraeder erster Stellung (links) im Vergleich zu einem tetragonalen Disphenoid erster Stellung (rechts) mit Lage im Hexaeder bzw. im tetragonalen Prisma

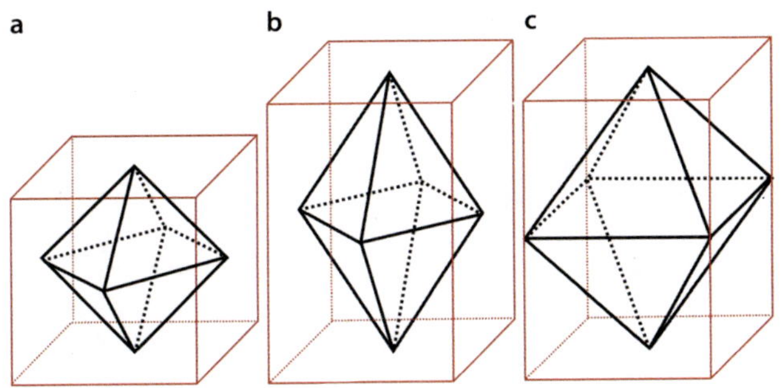

Abb. 1.11   Oktaeder (**a**) im Vergleich zu einer tetragonalen Dipyramide erster Stellung (**b**) bzw. zweiter Stellung (**c**) mit Lage im Hexaeder bzw. im tetragonalen Prisma

verzerrt ist (gestaucht oder gestreckt) und dem tetragonalen Kristallsystem angehört (**Abb. 1.11**). Das Präfix „Di" besagt, dass es Doppelpyramiden sind. Die oberhalb der Erdoberfläche sichtbare Cheops-Pyramide in Gizeh stellt idealisiert eine tetragonale Pyramide dar.

Die hexagonale und trigonale Dipyramide

Die hexagonale und trigonale Dipyramide stellen die logische Fortführung von Oktaeder und tetragonaler Dipyramide mit geänderter Symmetrie dar. Bei der hexagonalen Dipyramide (**Abb. 1.12**) ist die Hauptachse nicht mehr vierzählig, sondern sechszählig, bei der trigonalen Dipyramide ist sie dreizählig.

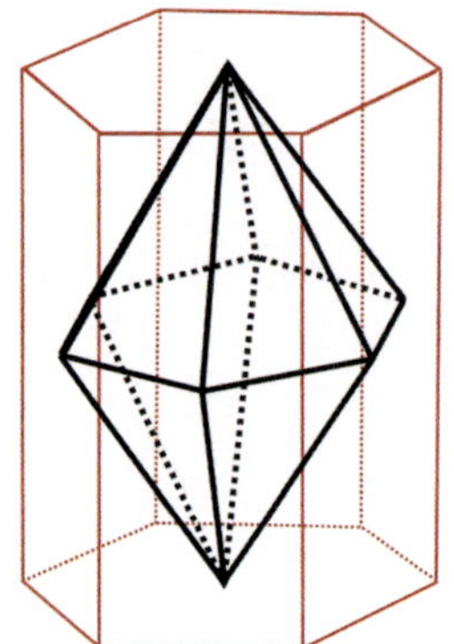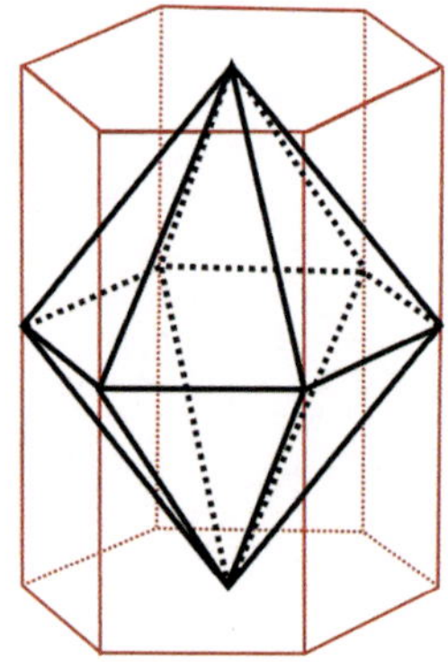

◘ Abb. 1.12   Hexagonale Dipyramide erster Stellung (links) und zweiter Stellung (rechts) mit ihren Lagen im hexagonalen Prisma

Rhombendodekaeder

Das Rhombendodekaeder ist ein geometrischer Körper des kubischen Kristallsystems (◘ Abb. 1.13). Es besteht aus zwölf (griechisch: *dódeka*) Rhomben (Rauten), 14 Ecken und 24 Kanten.

Pentagondodekaeder

Das Pentagondodekaeder ist ein geometrischer Körper des kubischen Kristallsystems (◘ Abb. 1.14). Es besteht aus zwölf regelmäßigen Fünfecken (griechisch: *pentágōnon*), 20 Ecken und 30 Kanten.

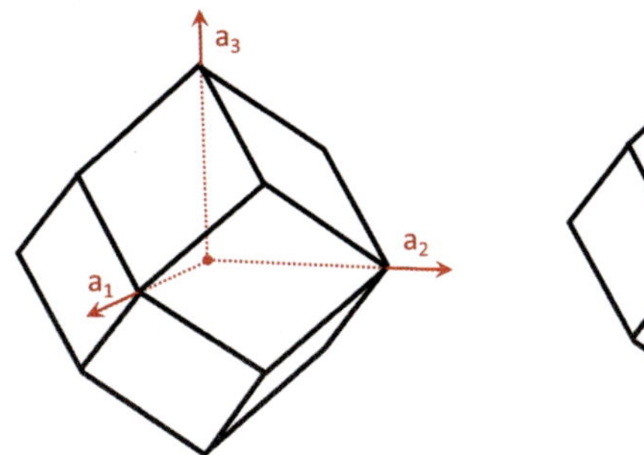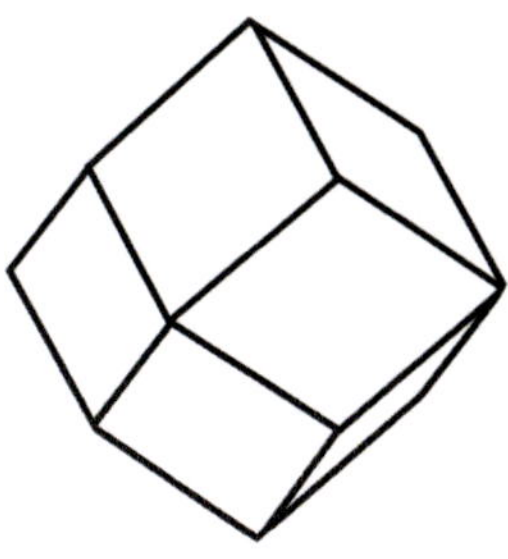

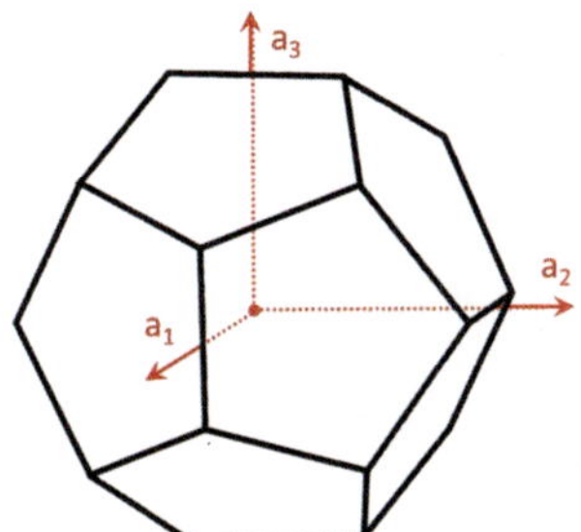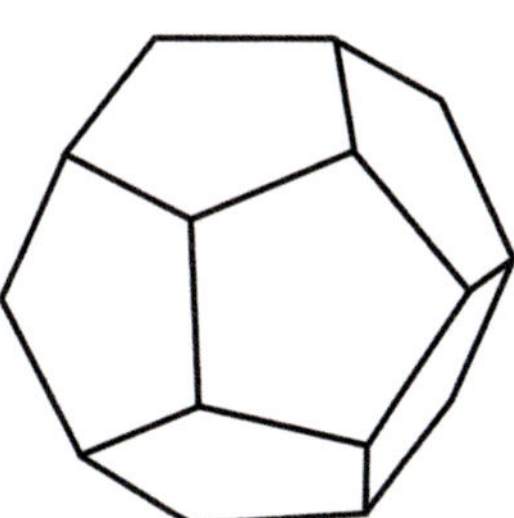

Abb. 1.13 Rhombendodekaeder, links mit Angabe der Lage zum Koordinatensystem

Abb. 1.14 Pentagondodekaeder, links mit Angabe der Lage zum Koordinatensystem

Rhomboeder und Skalenoeder

Rhomboeder und Skalenoeder sind geometrische Formen des trigonalen Kristallsystems (Abb. 1.15).

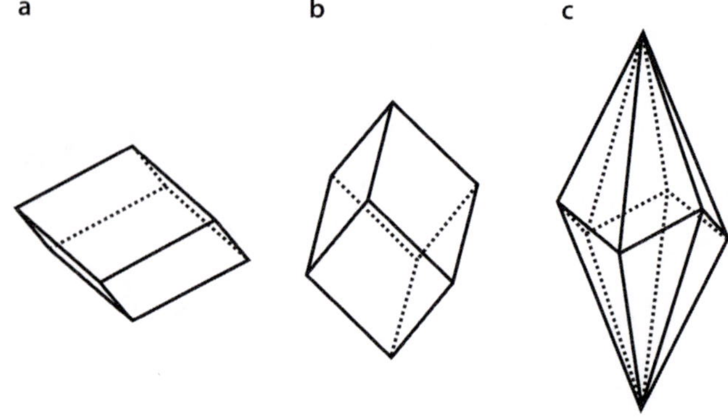

Abb. 1.15   **a** Positiver Rhomboeder, **b** negativer Rhomboeder, **c** Skalenoeder

Unterschied zwischen Kristallform und Kristallfläche

Kristallformen sind geometrische allseitig von Flächen geschlossene Körper. Im kubischen Kristallsystem kann jede Einzelfläche in ihrer Vielfalt durch die Symmetrie eine geschlossene Form bilden.

In den übrigen Kristallsystemen werden aber oft mehrere Flächenvielfalten benötigt. Alleine würden sie nur eine sogenannte offene Form, also keinen geschlossenen geometrischen Körper, bilden. Zum Beispiel wäre ein hexagonales Prisma oben und unten offen. Nur durch Kombination mit einem Basispinakoid („Deckel" bzw. „Boden") entsteht ein allseitig geschlossener Körper (**Abb. 1.16**). Offene Formen kommen in der Natur nur in Kombination vor. Die Existenz eines Kristalls erfordert eine geschlossene Form.

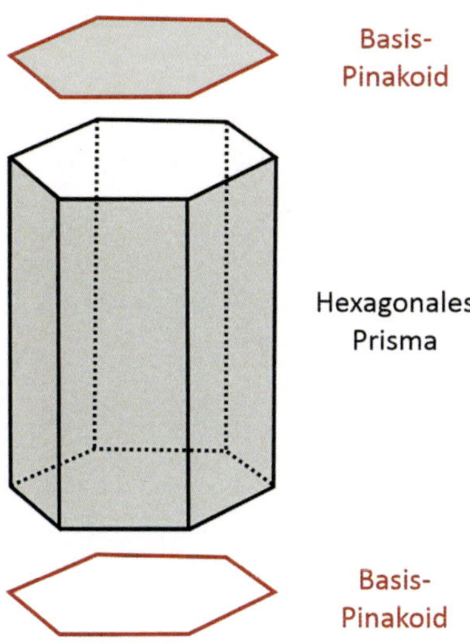

Abb. 1.16 Bildung einer geschlossenen Form durch die Kombination der offenen Formen hexagonales Prisma und Basispinakoid

Tracht und Habitus

Die Tracht bezeichnet die Gesamtheit aller vorhandenen Formen eines Kristalls (■ Abb. 1.17).

Der Habitus benennt die Gestalt und das Gesamtbild der Ausbildungsform eines Kristalls (■ Abb. 1.18). Er kann geometrisch isometrisch, kurz prismatisch, lang prismatisch, säulig, nadelig, tafelig, dünntafelig, dicktafelig, pyramidal usw. sein.

Tracht und Habitus sind abhängig von den sog. Milieufaktoren wie Stoffzufuhr, Temperatur, Druck, Art und Konzentration der Mutterlösung oder Schmelze, Art der Lösungsgenossen, Viskosität der Lösung oder Schmelze und der Wachstumsgeschwindigkeit.

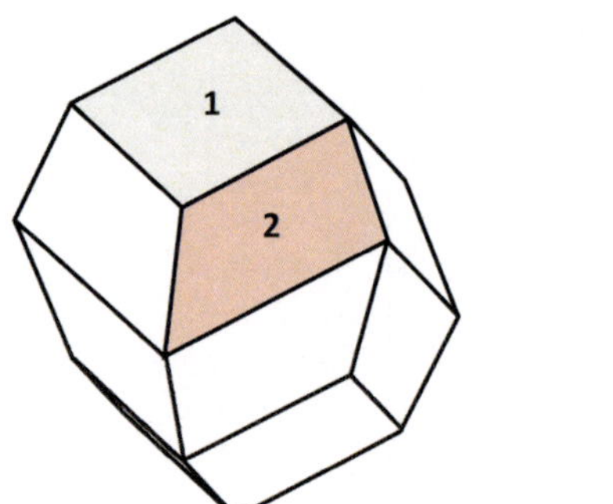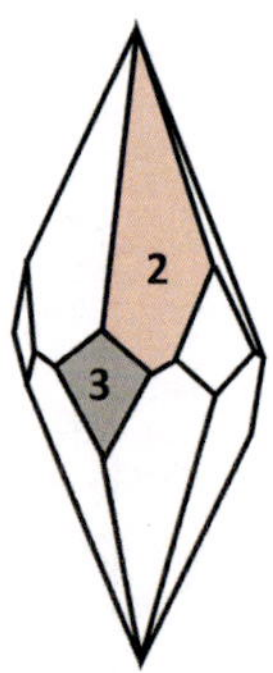

■ Abb. 1.17   Die Tracht stellt die Gesamtheit aller Flächen dar. Beispiel: Calcitkristalle. Links: Kombination von Flächen des positiven Rhomboeders (1) und des Skalenoeders (2). Rechts: Kombination von Flächen des Skalenoeders (2) und des hexagonalen Prismas (3)

a   b   c

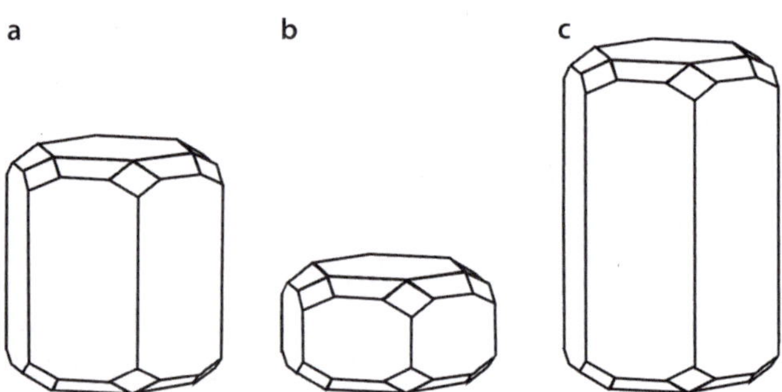

■ Abb. 1.18   Der Habitus stellt die Gestalt und das Gesamtbild der Ausbildungsform aller Flächen dar. Im Gegensatz zum typischen Habitus eines Beryllkristalls (**a**) kann er kurzsäulig (**b**) oder langsäulig (**c**) verzerrt sein

1.6 Feinbau der Kristalle

Grundlage des anschaulichen Verständnisses des Feinbaus von Kristallen ist das Modell, dass Kristalle sich aus regelmäßig aneinandergepackten Bauelementen (Bausteinen) aufbauen. Diese Vorstellung begründete sich ausgehend von der Spaltbarkeit vom Steinsalz oder Calcit, bei der die Kristalle in identisch kleine Teilbausteine zerbrechen (Abb. 1.19).

Mit dieser Vorstellung sind bereits einige Eigenschaften und Gesetzmäßigkeiten erklärbar.

Kristalle können unterschiedliche Größen annehmen, von wenigen Nanometern bis zu mehreren Metern. Weiterhin bilden sie bei unbehinderten Wachstumsmöglichkeiten (z. B. in einen Hohlraum hinein) Kristallformen, die von ebenen Flächen begrenzt und charakteristisch für das Material, die Modifikation und die Bildungsbedingungen sind. Diese Kristallformen stellen

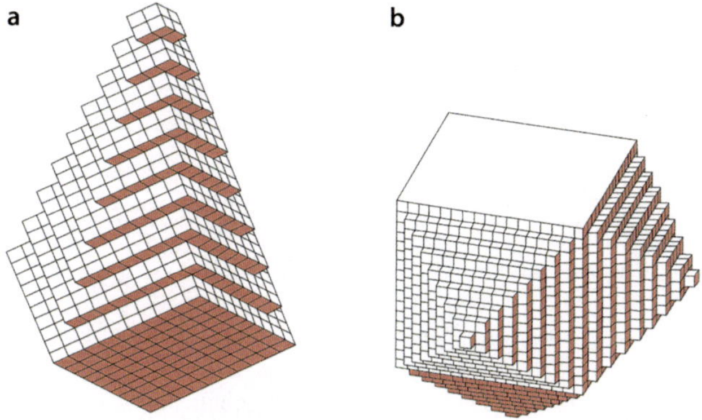

Abb. 1.19 Vorstellung des Aufbaus von Kristallen aus gleichen Bauelementen. **a** Calcit: Aufbau eines Skalenoeders aus kleinen rhomboederförmigen Bauelementen. **b** Steinsalz: Aufbau eines Rhombendodekaeders aus kleinsten würfelförmigen Bauelementen

durch Flächen, Ecken und Kanten geschlossene Formen dar. Die Kristallographie als Teil der Festkörperphysik beschreibt und gliedert die Kristallformen nach ihren Symmetrieeigenschaften.

Sind die Kristalle in ihrem Wachstum behindert, z. B. durch andere sie umgebend wachsende Kristalle, bilden sie keine typischen Kristallformen aus, sondern liegen irregulär geformt mit Kontaktgrenzen zu den anderen festen Phasen vor.

Es sei hier angemerkt, dass die Begriffe „Korn" und „Korngrenze" mit Bedacht zu benutzen sind. Ein monokristallines Korn (aus einem Kristallindividuum bestehend) wird auch Kristallit genannt. Dieser Kristallit muss nicht notwendigerweise Flächenformen ausbilden. Ein Kristallit, der aufgrund von unbehindertem Wachstum Flächenformen ausgebildet hat, darf streng genommen nicht als Korn bezeichnet werden, da der Kornbegriff eine irreguläre Form impliziert. Körner können monomaterialisch oder polymaterialisch, monokristallin oder polykristallin sein. Die Korngröße ist fast nie identisch mit der Kristallitgröße, die röntgenographisch bestimmt wird.

Bravais-Gitter

Reduziert man die Bauelemente, die die Kristalle aufbauen, auf Punkte, so führt das über eine eindimensionale Anordnung als Punktreihe zu einer zweidimensionalen Netzebene und letztendlich zur dreidimensionalen Anordnung als Raumgitter (◘ Abb. 1.20).

Zur Beschreibung der Raumgitter genügt eine Elementarzelle, deren Ecken zwei unmittelbar benachbarte gleichwertige Gitterpunkte sind. Die Elementarzelle beinhaltet alle regelmäßig wiederkehrenden Gitterpunkte und besitzt die gleichen Symmetrieeigenschaften wie das gesamte Raumgitter. Die Kanten der Elementarzelle entsprechen den Koordinatenachsen des betreffenden Kristallsystems.

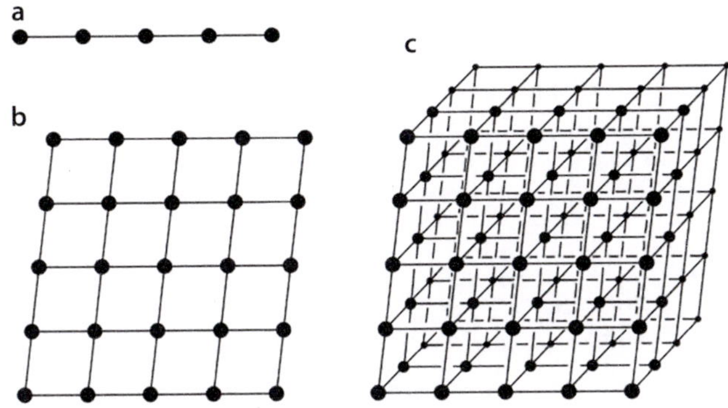

◘ Abb. 1.20   Von der Punktreihe zum Raumgitter: **a** Punktreihe,
b Netzebene, **c** Raumgitter

Den sieben Kristallsystemen können somit 14 typische Raumgittertypen, die sog. Bravais-Gitter, zugeordnet werden (◘ Abb. 1.21).

Die allgemeinen Zentrierungen der Bravais-Gitter in drei Dimensionen sind:

- P: Primitiv
- I: Raumzentriert oder innenzentriert
- F: Flächenzentriert
- A: Nur die A-Flächen sind zentriert
- B: Nur die B-Flächen sind zentriert
- C: Nur die C-Flächen sind zentriert
- R: Rhomboedrisch

Symmetrieelemente

Die Symmetrie der Kristalle äußert sich in regelmäßiger Wiederholung gleichwertiger Flächen in bestimmten Richtungen (z. B. Achsen) und/oder Ebenen. Symmetrieachsen

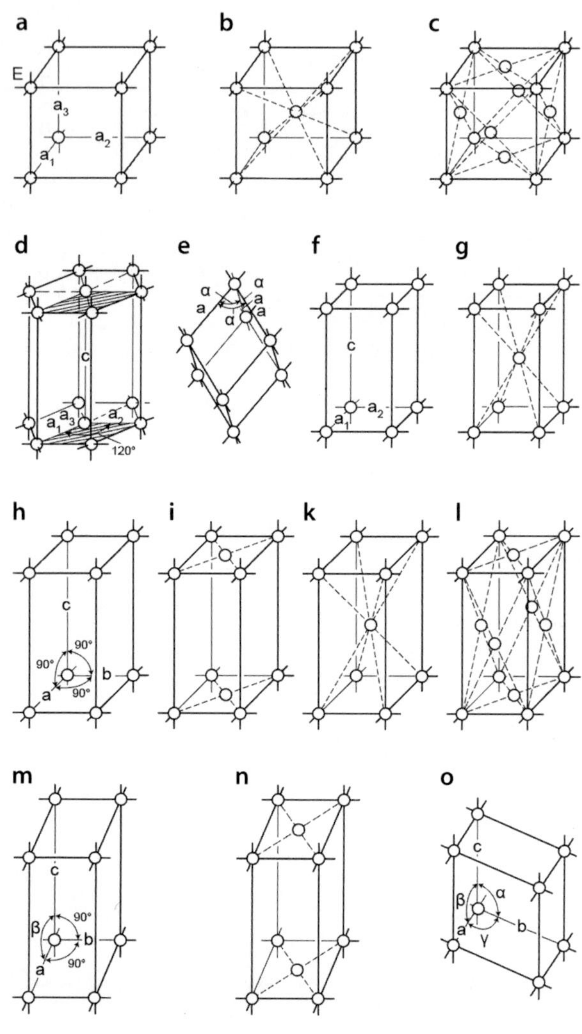

a
E
a_3
a_2
a_1
b
c
d
c
a_1 a_3 a_2
120°
e
α
α
a
a
a
α
f
c
a_1 a_2
g
h
c
90°
90°
90°
b
a
i
k
l
m
c
β
90°
b
90°
a
n
o
c
β
α
a
b
γ

◀ **Abb. 1.21** Die 14 Bravais-Gitter. **a** Kubisch primitives Gitter (cP), **b** kubisch innenzentriertes Gitter (cI), **c** kubisch flächenzentriertes Gitter (cF), **d** hexagonal primitives Gitter (hP), **e** hexagonal rhomboedrisches Gitter (hR), **f** tetragonal primitives Gitter (tP), **g** tetragonal innenzentriertes Gitter (tI), **h** orthorhombisch primitives Gitter (oP), **i** orthorhombisch basisflächenzentriertes Gitter (oC). **k** orthorhombisch innenzentriertes Gitter (oI), **l** orthorhombisch flächenzentriertes Gitter (oF), **m** monoklin primitives Gitter (mP), **n** monoklin basisflächenzentriertes Gitter (mC), **o** triklin primitives Gitter (aP)

(Gyren) sind Richtungen, um die ein Kristall gedreht und dabei mit sich selbst zur Deckung gebracht werden kann. In Tab. 1.1 sind die in der Kristallographie existierenden Symmetrieachsen dargestellt.

Im Falle einer Tetragyre kehrt bei Drehung um 360° um die betreffende Achse das gleiche Flächenbild viermal wieder. Bei besonderen Materialien kann zusätzlich eine fünfzählige Drehachse auftreten. Diese Fälle sind aber sehr speziell und selten, weshalb diese fünfzählige Achse hier nicht weiter behandelt wird.

Bei voller Drehung (360°) eines hexagonalen Kristalls um die senkrechte Achse kehrt das gleiche Flächenbild sechsmal wieder (Abb. 1.22a). Der Kristall kann also sechsmal mit sich selbst zur Deckung gebracht werden. Solch eine Achse wird sechszählig genannt.

Tab. 1.1 Symmetrieachsen mit Bezeichnung und Symbol

Zähligkeit	Drehwinkel	Benennung	Symbol
2	180°, 360°	Digyre digonal	⬮
3	120°, 240°, 360°	Trigyre trigonal	▲
4	90°, 180°, 270°, 360°	Tetragyre tetragonal	◆
6	60°, 120°, 180°, 240°, 300°, 360°	Hexagyre hexagonal	⬢

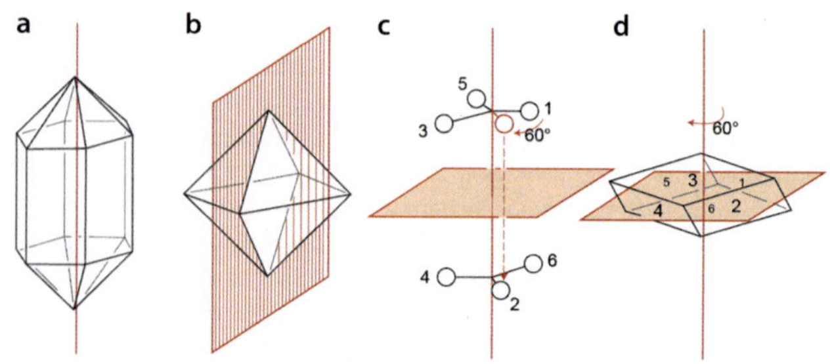

▣ Abb. 1.22   Symmetrieelemente. **a** Sechszählige Symmetrieachse, **b** Symmetrieebene (Spiegelebene, m), **c** sechszählige Drehspiegelachse (S_3), **d** sechszählige Drehspiegelachse (S_3) am Beispiel eines Rhomboeders

Symmetrieebenen (Spiegelebenen, m) sind Flächen, die einen Kristall spiegelbildlich in zwei Hälften teilen (▣ Abb. 1.22b). Kristalle können eine, drei, fünf, sieben oder maximal neun Spiegelebenen besitzen.

Ein Symmetriezentrum (Inversionszentrum, i) liegt vor, wenn ein Kristall zu jeder Fläche eine gleichwertige parallele Gegenfläche aufweist.

Drehinversionsachsen (S_1, S_2, S_3, S_4, S_5, S_6) ergeben sich durch Kombination zweier Symmetrieoperationen, einer Drehachse und einem Inversionszentrum (▣ Tab. 1.2). Die Reihenfolge der Kombination muss immer gleichbleibend sein:

1. Drehung um die Achse mit dem der Zähligkeit entsprechenden Winkelbetrag
2. Inversion am Inversionszentrum (Punktspiegelung am Inversionszentrum)

Drehspiegelachsen ergeben sich durch Kombination zweier Symmetrieoperationen, einer Drehachse und senkrecht dazu einer Spiegelebene (▣ Tab. 1.2). Die Reihenfolge der Kombination muss immer gleichbleibend sein:

◻ Tab. 1.2 Drehinversionsachsen und Drehspiegelachsen

Symbole	$\bar{1}$	$2 \equiv m$	$\bar{3}$	$\bar{4}$	$\bar{6}$
Enthaltene Symmetrieelemente			$3;\ \bar{1}$	2	$3;\ m$
Äquivalente Drehspiegelachsen	S_2	S_1	S_6	S_4	S_3

1. Drehung um die Achse mit dem der Zähligkeit entsprechenden Winkelbetrag
2. Spiegelung an der Ebene (◻ Abb. 1.22c)

Die Punkte 1 bis 6 stellen die Mittelpunkte von sechs gleichwertigen Flächen dar. So lassen sich auch die Flächen eines Rhomboeders herleiten (◻ Abb. 1.22d). Solch eine sechszählige Drehspiegelachse kann auch als dreizählige Symmetrieachse beschrieben werden. Dabei fehlt aber der symmetrisch hergeleitete Zusammenhang der oberen und unteren Flächen.

Translationen, Schraubungen und Gleitspiegelungen

Eine Translation (Parallelverschiebung) ermöglicht, ein „Motiv" mit einem nächstgelegenen gleichwertigen zur Deckung zu bringen. Der Betrag dieser Translation ist der Identitätsabstand.

Schraubenachsen ergeben sich aus der Kombination von zwei Symmetrieoperationen (Deckoperationen), einer Drehachse und einer Translation. Die Translation erfolgt parallel zur Drehachse.

Der Betrag der Translation ergibt sich aus der Zähligkeit der Drehachse: Bei einer zweizähligen Achse beträgt sie 1/2 der Elementarzelle, bei einer dreizähligen 1/3, bei einer vierzähligen

¼ und bei einer sechszähligen 1/6. Weiterhin kann die Translation ein Mehrfaches dieser Translationsbeträge sein, z. B. 1/6, 2/6, 3/6, 4/6 oder 5/6. Diese Translationsbeträge werden als tief- und nachgestellte Zahl der Achse angegeben; so ist z. B. eine sechszählige Drehachse mit Translationsbetrag $2 \cdot 1/6$ mit der Zahl 6_2 gekennzeichnet.

In ◘ Tab. 1.3 sind die möglichen Schraubenachsen mit detailliert aufgelisteten Schritten zusammengefasst.

Zusätzlich wird nun auch der Drehsinn rechts oder links relevant, der nur in der Praxis eine Rolle spielt, bei der Symmetriebetrachtung aber nicht gekennzeichnet wird.

◘ **Tab. 1.3** Schraubenachsen mit Bezeichnung, Zähligkeit, Translationsbetrag und Symbol

Bezeichnung	Zähligkeit	Translation	Symbol
$2_0 = 2$	2	0	
2_1	2	$^1/_2$	
$3_0 = 3$	3	0	
3_1	3	$^1/_3$	
3_2	3	$^2/_3$	
$4_0 = 4$	4	0	
4_1	4	$^1/_4$	
4_2	4	$^2/_4$	
4_3	4	$^3/_4$	
$6_0 = 6$	6	0	
6_1	6	$^1/_6$	
6_2	6	$^2/_6$	
6_3	6	$^3/_6$	
6_4	6	$^4/_6$	
6_5	6	$^5/_6$	

In Abb. 1.23 sind Beispiele für vier- und dreizählige Schraubenachsen dargestellt. Es handelt sich jeweils um 4_1- bzw. 3_1- Schraubenachsen mit jeweils Rechts- bzw. Linksschraubung.

Die 4_1-Schraubenachse setzt sich aus folgenden Schritten zusammen:

1. Beginn bei Punkt 1
2. Drehung um 90° und Translation um ¼ führt zu Punkt 2
3. Weitere Drehung um 90° und Translation um ¼ führt zu Punkt 3
4. Weitere Drehung um 90° und Translation um ¼ führt zu Punkt 4
5. Weitere Drehung um 90° und Translation um ¼ führt zu Punkt 1′, der die Identität wieder erreicht und Beginn des nächsten Schraubungszyklus ist.

Damit erfordert die Gesamtheit der Kombination der Symmetrieelemente mit Translationsbetrag ¼ eine gesamte Elementarzelle. Da die Schraubenachse parallel zur c-Achse liegt, ist die Dimension der Elementarzelle mit c_o angegeben. Analoges gilt für die 3_1-Schraubenachsen.

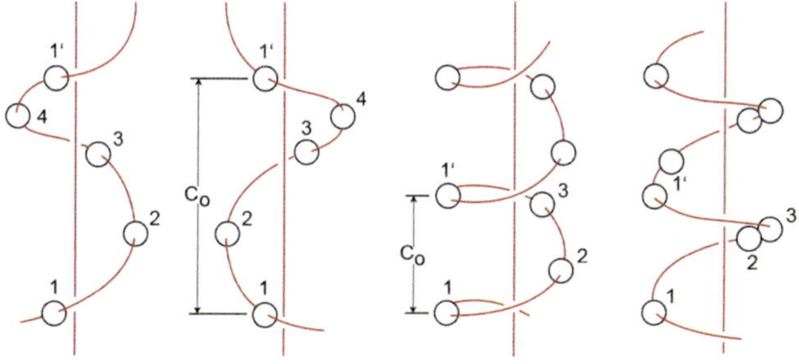

Abb. 1.23 Zwei 4_1-Schraubenachsen (linke Seite), zwei 3_1-Schraubenachsen (rechte Seite), jeweils mit rechtem und linkem Drehsinn

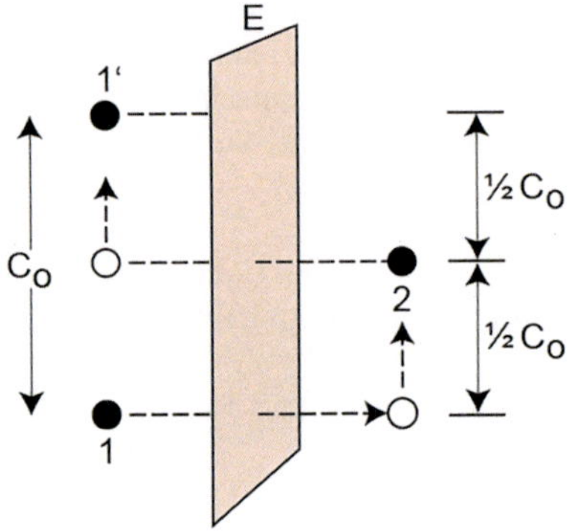

◘ Abb. 1.24   Prinzip der Gleitspiegelebene

Gleitspiegelebenen entstehen durch eine Kombination einer Spiegelebene mit einer Translation um ½ des Identitätsabstands (◘ Abb. 1.24). In diesem Beispiel erfolgt die Translation in Richtung der c_0-Achse. Punkt 1 wird gespiegelt und um ½ c_0 verschoben und ergibt Punkt 2. Im nächsten Schritt wird wiederum Punkt 2 gespiegelt und um ½ c_0 verschoben und erzeugt die Identität zu Punkt 1′.

Eine Translation kann auch in andere Richtungen des jeweiligen Achsensystems erfolgen und führt dann zu weiteren Gleitspiegelebenen anderer Bezeichnung.

Holoedrie, Hemiedrie und Tetartoedrie

Als Holoedrie wird die höchstmögliche Symmetrie einer Kristallklasse bezeichnet. Der Kristall mit der höchstmöglichen Flächenzahl heißt Holoeder (Vollflächner). Hemiedrie bzw. das Hemieder besitzen die halbe Symmetrie bzw. die halbe Anzahl von Flächen, analog die Tetartoedrie bzw. das Tetartoeder ein Viertel.

Blickrichtungen

Betrachtet man die Kristallklassen, so sind die Symbole in einer bestimmten Reihenfolge angeordnet. Diese Reihenfolge ist zwingend einzuhalten, um eine Eindeutigkeit zu gewährleisten.

Die Reihenfolge entspricht festgelegten Blickrichtungen, aus denen der Kristall (das Gitter) symmetrisch beschrieben wird (Tab. 1.4).

Kristallklassen (Punktgruppen)

Es existieren zwei Nomenklaturen zur Beschreibung der Kristallklassen: die Schoenflies-Symbolik und die internationale Symbolik der Kristallographie nach Hermann-Mauguin. Hier wird die internationale Symbolik verwendet.

Kombiniert man die sieben Kristallsysteme mit den Symmetrieelementen wie Spiegelebene, Symmetriezentrum, Drehachse und Drehspiegelachse, so kommt man zu den 32 Kristallklassen (Punktgruppen) (Tab. 1.5).

Das internationale Symbol beschreibt die Symmetrie in der jeweiligen Blickrichtung; es kann voll oder gekürzt ausgeschrieben werden. Das gekürzte Symbol enthält nur die Symmetrieelemente, die unbedingt notwendig sind, um die Kristallklasse zu beschreiben. Die im Gegensatz zur vollen Schreibweise „fehlenden" Symmetrieelemente ergeben sich bei Anwendung der gekürzten Symbole.

◘ Tab. 1.4 Die drei Blickrichtungen der sieben Kristallsysteme

Kristallsystem	Blickrichtungen	Holoedrie	
Kubisch	[001] = a-Achse	$4/m$	$4/m\,\bar{3}\,2/m$
	[111] = Raumdiagonale	$\bar{3}$	
	[1$\bar{1}$0] = Flächendiagonale	$2/m$	
Hexagonal	[001] = c-Achse	$6/m$	$6/m\,2/m\,2/m$
	[100] = a-Achse	$2/m$	
	[1$\bar{1}$0] = Zwischenachse senkr. c	$2/m$	
Trigonal	[001] = c-Achse	$\bar{3}$	$\bar{3}\,2/m$
	[100] = a-Achse	$2/m$	
Tetragonal	[001] = c-Achse	$4/m$	$4/m\,2/m\,2/m$
	[100] = a-Achse	$2/m$	
	[1$\bar{1}$0] = Zwischenachse senkr. c & a	$2/m$	
Ortho-rhombisch	[100] = a-Achse	$2/m$	$2/m\,2/m\,2/m$
	[010] = b-Achse	$2/m$	
	[001] = c-Achse	$2/m$	
Monoklin	[010] = b-Achse	$2/m$	$2/m$
Triklin	Keine	$\bar{1}$	$\bar{1}$

◘ Tab. 1.5 Die 32 Kristallklassen

Nr.	Kristallsystem	Internationales Symbol	
		voll	kurz
1	triklin	1	1
2		$\bar{1}$	$\bar{1}$
3	monoklin	1 2 1 bzw. 1 1 2	2
4		1 m 1 bzw. 1 1 m	m
5		1 2/m 1 bzw. 1 1 2/m	2/m
6	ortho-rhombisch	2 2 2	2 2 2
7		m m 2	m m 2
8		2/m 2/m 2/m	m m m

Nr.	Kristallsystem	Internationales Symbol	
		voll	kurz
9	tetragonal	4	4
10		$\bar{4}$	$\bar{4}$
11		4/m	4/m
12		4 2 2	4 2 2
13		4 m m	4 m m
14		$\bar{4}$ 2 m bzw. $\bar{4}$ m 2	$\bar{4}$ 2 m
15		4/m 2/m 2/m	4/m m m

Nr.	Kristallsystem	Internationales Symbol	
		voll	kurz
16	trigonal	3	3
17		$\bar{3}$	$\bar{3}$
18		3 2 1 bzw. 3 1 2	32
19		3 m 1 bzw. 3 1 m	3 m
20		$\bar{3}$ 2/m 1 bzw. $\bar{3}$ 1 2/m	$\bar{3}$ m

Nr.	Kristallsystem	Internationales Symbol	
		voll	kurz
21	hexagonal	6	6
22		$\bar{6}$	$\bar{6}$
23		6/m	6/m
24		6 2 2	6 2 2
25		6 m m	6 m m
26		$\bar{6}$ m 2 bzw. $\bar{6}$ 2 ,m	$\bar{6}$ m 2
27		6/m 2/m 2/m	6/m m m

Nr.	Kristallsystem	Internationales Symbol	
		voll	kurz
28	kubisch	2 3	2 3
29		2/m $\bar{3}$	m $\bar{3}$
30		4 3 2	4 3 2
31		$\bar{4}$ 3 m	$\bar{4}$ 3 m
32		4/m $\bar{3}$ 2/m	m $\bar{3}$ m

Beispiel:	Kristallklasse	4/m $\bar{3}$ 2/m
	Erklärung:	1. Blickrichtung: 4/m = vierzählige Drehachse, senkrecht dazu Spiegelebene m
		2. Blickrichtung: $\bar{3}$ = dreizählige Dreh-inversionsachse

		3. Blickrichtung: 2/m = zweizählige Drehachse, senkrecht dazu Spiegelebene m	
	Kurzsymbol		**m $\bar{3}$ m**
	Erklärung:	1. Blickrichtung: m = senkrecht dazu Gleitspiegelebene m	
		2. Blickrichtung: $\bar{3}$ = dreizählige Dreh- inversionsachse	
		3. Blickrichtung: m = senkrecht dazu Gleitspiegelebene m	

Diese Kristallklassen lassen sich auch direkt vom idealen Kristallmodell oder Kristall ableiten. Mit den Kristallklassen können alle Kristallmorphologien beschrieben werden.

Kristallprojektion

Die Abbildung von Kristallen wird oft idealisiert, sie ist häufig perspektivisch, und Wachstumsunregelmäßigkeiten werden nicht berücksichtigt. Daher sind Kristallprojektionen zur Betrachtung von Flächen zueinander und der Lage von Symmetrieelementen sowie die Anwendung von diesen auf Einzelflächen deutlich hilfreicher.

Somit kommt man zur stereographischen Projektion, die die Flächen über ihre Normalen (Pole) mittels einer geometrischen Konstruktion auf eine Fläche projiziert. Die Konstruktion dieser Projektion wird wie folgt durchgeführt (■ Abb. 1.25):

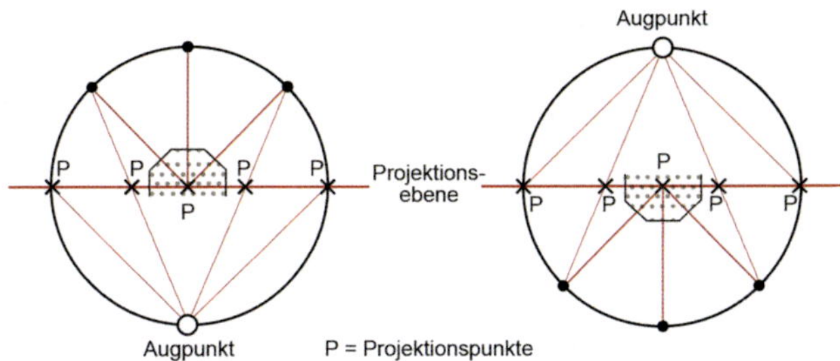

◻ **Abb. 1.25** Konstruktionsprinzip der stereographischen Projektion am Vertikalschnitt durch die umhüllende Kugelfläche

1. Der zu betrachtende Kristall (oder die geometrische Form) wird von einer gedachten umhüllenden Kugelfläche, mit dem Mittelpunkt im Zentrum des Kristalls, umschrieben.
2. Man errichtet auf jeder Fläche das Lot und erhält die entsprechende Flächennormale.
3. Man verschiebt die Flächennormale geeignet parallel, sodass sie vom Zentrum ausgeht.
4. Diese Flächennormale durchstößt die Kugelfläche an einem Punkt.
5. Werden die „oberen" Flächen des Kristalls betrachtet, ist der zugehörige Augpunkt der Südpol.
6. Nun verbindet man den Durchstoßpunkt der Flächennormalen der oben gelegenen Fläche und den zugehörigen Augpunkt (hier den Südpol) mit einer Geraden.
7. Der Schnittpunkt dieser Geraden mit der Projektionsebene (Äquatorialebene) stellt den Projektionspunkt der betrachteten Fläche dar.
8. Die gleiche Vorgehensweise erfolgt auch für die „unteren" Flächen des Kristalls, nur ist nun der zugehörige Augpunkt der Nordpol.

Die Projektionspunkte der Flächen (Flächenpole) der oberen Hemisphäre des Kristalls werden zur Unterscheidung ihrer Lage als Diagonalkreuze, die der unteren Hemisphäre als „leere Punkte" (kleine Kreise) dargestellt.

Erzeugen Flächen der oberen und unteren Kristallhälfte die gleichen Durchstoßpunkte in der Projektionsebene, so fallen Kreuz und Kreis zusammen. Die der (senkrecht stehenden) kristallographischen c-Achse parallel laufenden Flächen (z. B. Prismenflächen) erscheinen auf dem (umhüllenden) Grundkreis (Äquator). Die Basisfläche eines Kristalls (001) erscheint im Projektionsmittelpunkt. Je steiler eine zum Achsenkreuz hin geneigte Fläche ist, umso weiter nach außen zum Grundkreis liegt ihr Flächenpol; je stumpfer, desto näher zum Zentrum. Da Flächennormale eingetragen werden, können auch alle Symmetrieelemente mit eingetragen werden und sind durch ihr charakteristisches Symbol gekennzeichnet. Eine Spiegelebene hingegen wird als Schnittlinie entlang der Winkeleinteilungen dargestellt (Wulff'sches Netz; ◘ Abb. 1.27).

◘ Abb. 1.26 zeigt die stereographische Projektion eines Kristalls mit Würfel-, Oktaeder- und Rhombendodekaeder-Flächen.

Die Projektionsfläche ist mit einem Gradnetz, dem sog. Wulff'schen Netz, versehen (◘ Abb. 1.27). Das Wulff'sche Netz ist winkeltreu. Daher ermöglicht es Winkelbestimmungen zwischen unterschiedlichen Flächen.

Raumgruppen

Die 32 Kristallklassen berücksichtigen nur einen Teil der existierenden Symmetrieelemente. Sie ermöglichen die Beschreibung und die Bestimmung der Symmetrie von Kristallkörpern und sind äußerlich am Kristall erkennbar:

- Drehachsen
- Spiegelebenen

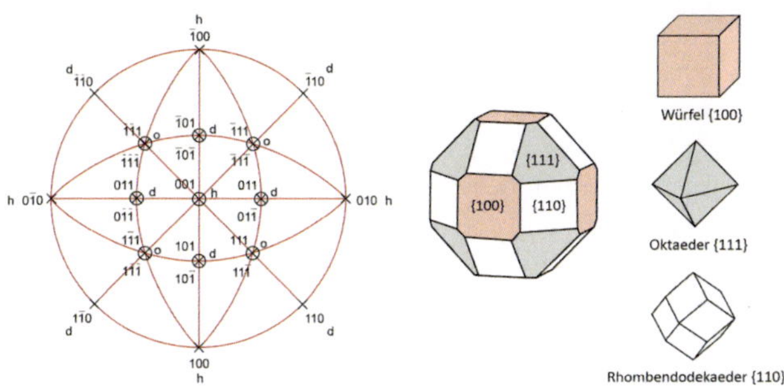

Abb. 1.26 Stereographische Projektion eines Kristalls mit Würfel- (h), Oktaeder- (o) und Rhombendodekaeder-Flächen (d) und ihren Flächenindizes. Daneben die entsprechende Kristallform in Kombination und die Einzelkörper

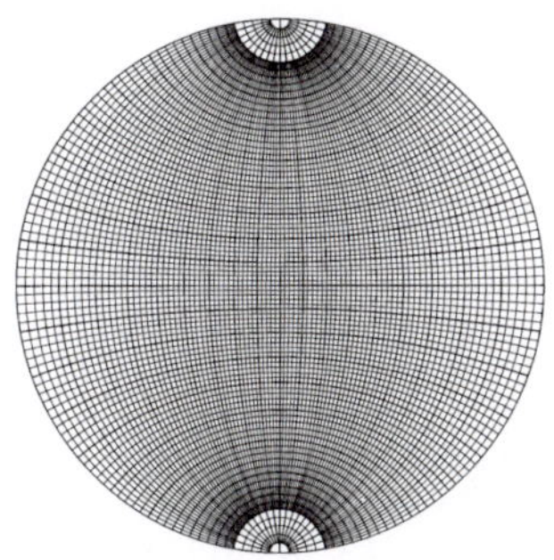

Abb. 1.27 Wulff'sches Netz

- Symmetriezentrum
- Drehspiegelachsen

Betrachtet man aber den inneren Aufbau der Materie, so müssen auch die übrigen Symmetrie-Elemente mit berücksichtigt werden:

- Translationen
- Schraubenachsen
- Gleitspiegelebenen
- Bravais-Gitter

Durch sinnvolle Kombination aller dieser Symmetrieelemente ergeben sich die 230 Raumgruppen, die sich auf die 32 Kristallklassen verteilen.

Beispiel:		
Kubisches System Holoedrie		
Raum-gruppen-nummer		**230**
Kristall-klasse		$4/m\ \bar{3}\ 2/m$
Raum-gruppe	**Vollständiges Symbol**	$I\ 4_1/a\ \bar{3}\ 2/d$
	Erklärung: I = innenzentriertes kubisches Bravais-Gitter	
	1. Blickrichtung: $4_1/a = 4_1$-Schraubenachse, senkrecht dazu Gleitspiegelebene a	
	2. Blickrichtung: $\bar{3}$ = dreizählige Drehinversionsachse	

	3. Blickrichtung: 2/d = zweizählige Drehachse, senkrecht dazu Gleitspiegelebene d	
Raumgruppe	**Kurzsymbol**	**I a $\bar{3}$ d**
	Erklärung: I = innenzentriertes kubisches Bravais-Gitter	
	1. Blickrichtung: a = senkrecht dazu Gleitspiegelebene a	
	2. Blickrichtung: $\bar{3}$ = dreizählige Drehinversionsachse	
	3. Blickrichtung: d = senkrecht dazu Gleitspiegelebene d	

Hemimorphie, Enatiomorphie

Die Hemimorphie ist an Kristallen beobachtbar, die eine polare Achse besitzen. Diese polare Achse besitzt keine Spiegelebene senkrecht zu ihr. Diese Kristalle haben an den entgegengesetzten Enden in Richtung der polaren Achse unterschiedliche Kristallflächen (Abb. 1.28).

Als Enantiomorphie wird das Auftreten von sogenannten rechten und linken Formen eines Körpers bezeichnet; sie verhalten sich wie rechte und linke Hand können nur durch eine Symmetrieebene, nicht aber durch eine Drehung ineinander überführt werden (Abb. 1.29).

Beispiel: Rechts- und Links-Quarz.

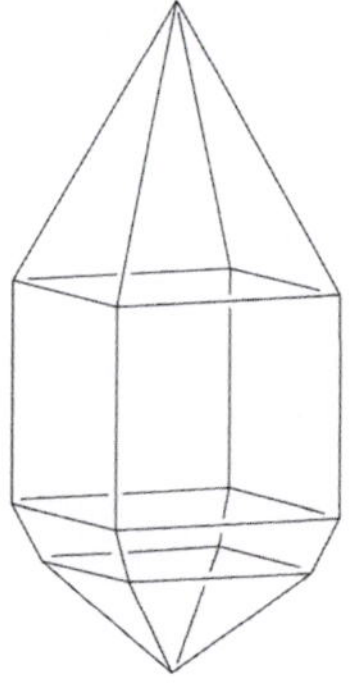

◘ **Abb. 1.28**   Hemimorpher Kristall

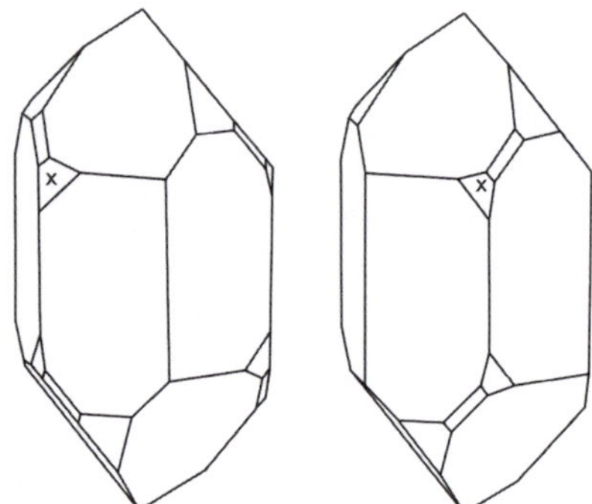

◘ **Abb. 1.29**   Enantiomorphe Kristalle (Beispiel Quarz). Links- und Rechtsquarz sind makroskopisch an der Lage der Trapezoederfläche x zu unterscheiden. Auf eine Angabe der Indizierung der übrigen Flächen wird aus Gründen der Übersichtlichkeit verzichtet

Pseudomorphosen

Bei verschiedenartigen Umwandlungs- und Verdrängungsprozessen durch Änderung des chemischen Milieus können Minerale aufgelöst und durch andere Minerale ersetzt werden. Bei der Pseudomorphose nimmt das sekundäre Mineral die Form des ursprünglichen Minerals an.

Man unterscheidet verschiedene Arten der Pseudomorphose:

1. Paramorphosen kennzeichnen Umwandlungspseudomorphosen von Stoffen gleicher chemischer Zusammensetzung, die in Abhängigkeit von Druck und Temperatur in unterschiedlichen Modifikationen auftreten können.
   Beispiel: Schwefel, SiO_2-Modifikationen.

2. Bei Umwandlungspseudomorphosen wird die chemische Zusammensetzung eines Minerals teilweise oder vollständig durch verschiedene chemische Prozesse (z. B. Reduktion, Oxidation, Wasserzufuhr/Entwässerung) verändert.
   Beispiel: Umwandlung von Pyrit zu Goethit oder Anhydrit zu Gips.

3. Bei der Verdrängung eines ursprünglichen Minerals durch ein neues Mineral, wobei die ursprüngliche kristallographische Form beibehalten wird, spricht man von Verdrängungspseudomorphosen (◼ Abb. 1.30a).

4. Perimorphosen (Umhüllungspseudomorphosen) entstehen, wenn ein Kristall von einem sekundären Mineral umhüllt und anschließend weggelöst wird. Dabei entsteht eine Hohlform mit dem negativen Abbild des primären Kristalls (◼ Abb. 1.30b).

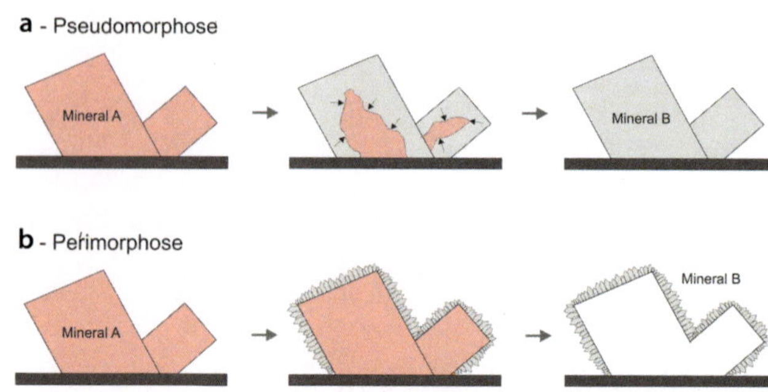

Abb. 1.30 **a** Pseudomorphose durch Verdrängung des Minerals A durch Mineral B unter Beibehaltung der ursprünglichen Form, **b** Perimorphose durch Überwachsung von Mineral A durch Mineral B und nachträglicher Lösung des ursprünglichen Minerals A

Gesetzmäßige Verwachsung von Kristallen

Man unterscheidet Verwachsung und Verzwillingung von Kristallen. Beide sind am Vorhandensein von sog. einspringenden Winkeln zu erkennen.

Die Parallelverwachsung von Kristallen liegt vor, wenn gleichwertige Kristalle parallel miteinander verwachsen sind. Die Einzelindividuen sind an Flächen oder Kanten miteinander verwachsen (Abb. 1.31).

Gleichartige Kristalle können Zwillinge, Drillinge oder Viellinge bilden. Charakteristisch für eine Zwillingsbildung ist ein zusätzliches (!) Symmetrieelement, das die einzelnen Individuen des Zwillings ineinander überführt. Dies können Spiegelebenen (Zwillingsebenen) oder Symmetrieachsen (Zwillingsachsen) sein (Abb. 1.32).

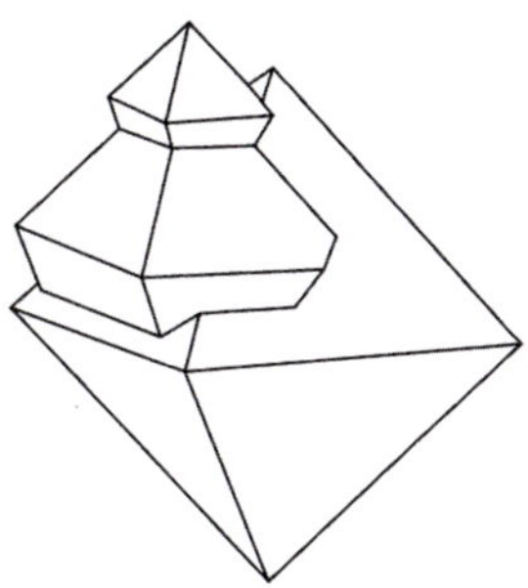

Abb. 1.31   Parallelverwachsung von Spinell-Kristallen in Oktaeder-
form

a   **b**

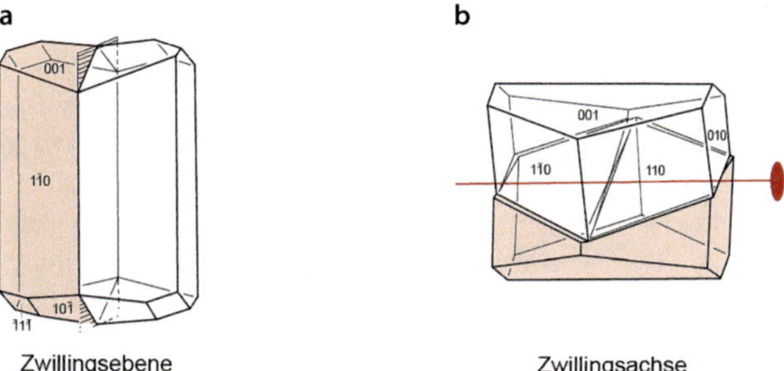

Abb. 1.32   Beispiele für Zwillingsbildung an Plagioklasen. **a**
Verzwillingung durch eine Zwillingsebene, **b** Verzwillingung durch eine
zweizählige Zwillingsachse

Die Verzwillingung beginnt schon im Keimstadium des Kristalls, eine (Parallel-)Verwachsung geschieht oft später durch zufällige Berührungen. Durch mechanische Beanspruchung kann es sekundär zur Verzwillingung kommen (z. B. Deformationszwillinge beim Calcit).

Berührungszwillinge (Juxtapositionszwillinge) ähneln einer Parallelverwachsung, kristallographisch sind sie aber eindeutig zu unterscheiden.

Durchdringungszwillinge (Penetrationszwillinge) liegen beidseitig der Verwachsungsfläche im Inneren des Zwillings vor; sie können einander auch komplett umschließen.

Ergänzungszwillinge treten bei Kristallen niedrigerer Symmetrie (hemiedrisch oder tetartoedrisch) auf und bilden Zwillinge derart, dass scheinbar die Symmetrie der Holoedrie erreicht wird.

Liegen gleichartige Zwillingsflächen parallel vor, so liegen polysynthetische Zwillinge vor, gehören Zwillingsebenen verschiedenen Flächen derselben Kristallform an, so entstehen Wendezwillinge (◘ Abb. 1.33).

Mimetische Kristalle sind Viellinge, die durch die Art der Verzwillingung eine höhere Symmetrie vortäuschen, d. h. eine Pseudosymmetrie besitzen.

Beispiel: Harmotom, Philipsit (◘ Abb. 1.34).

Ein monokliner Einzelkristall (◘ Abb. 1.34a) dieser Mineralien ist selten. Der Vierling (◘ Abb. 1.34b) täuscht rhombische Symmetrie vor, zwei Vierlinge (◘ Abb. 1.34c) ergeben einen scheinbar tetragonalen Kristall, und drei durchkreuzte Achtlinge täuschen als „Vierundzwanzigling" eine

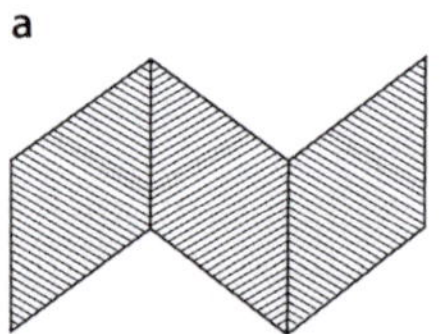

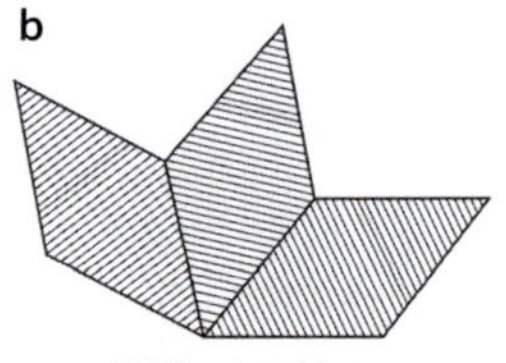

◘ **Abb. 1.33**   Prinzip der **a** polysynthetischen Verzwillingung und der Bildung von **b** Wendezwillingen

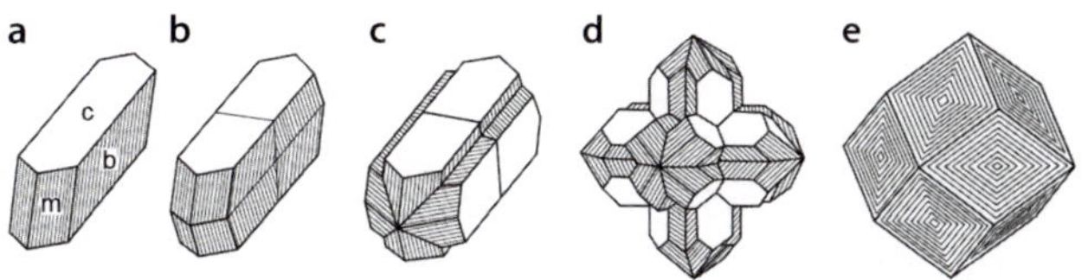

Abb. 1.34 Aufbau und „Konstruktionsprinzip" eines „mimetischen Kristalls". **a** „Einling", **b** Vierling, **c** Achtling, **d** Vierundzwanzigling, **e** Schließung der einspringenden Winkel zu der Form eines Rhombendodekaeders

kubische Holoedrie vor (■ Abb. 1.34d). Nur die einspringenden Winkel entlarven die Verzwillingung. Wachsen diese einspringenden Winkel zu und bilden Flächen, entsteht die Form eines kubischen Rhombendodekaeders (■ Abb. 1.34e).

Die Epitaxie ist die gesetzmäßige Verwachsung verschiedenartiger Kristalle unterschiedlicher Zusammensetzung. Die Einzelkristalle sind in bestimmter Weise zueinander orientiert, weil der Gitterbau der miteinander verwachsenen Kristalle in gewissen Richtungen ähnlich ist. Die Orientierung zueinander ist derart, dass z. B. gemeinsame Kantenrichtungen und eine gemeinsame Kristallfläche vorliegen (■ Abb. 1.35).

Diese äußerliche Orientierung begründet sich auch in der „Passung" der unterschiedlichen Kristallgitter in geeigneten Richtungen und Ebenen. In der Technik wird die Epitaxie bei der Verwachsung unterschiedlicher Materialien aufeinander genutzt. Die Stabilität und die Kristallinität epitaktisch verwachsener Schichten sind deutlich höher als bei Schichten ohne Gitterbezug. Die dabei auftretende Fehlpassung der Gitter wird mit den Begriffen „misfit" oder treffender „mismatch" bezeichnet.

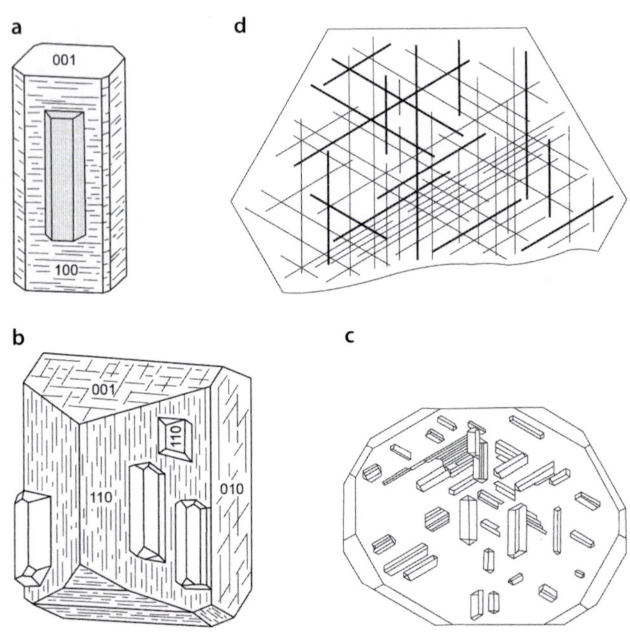

■ Abb. 1.35   Beispiele für Epitaxie. **a** Staurolith auf Disthen, **b** Albit auf Orthoklas, **c** Rutil auf Hämatit, **d** Rutil auf Glimmer

Defekte im Kristallgitter

Kristalle bauen sich aus einem dreidimensionalen periodisch symmetrischen Raumgitter auf. Das Wachstum stellt man sich so vor, dass die Bausteine oder Teile davon sich aus einer Gasphase oder Lösung/Schmelze an einen Keim oder an die Oberfläche eines Kristalls geeignet anlagern. Treten dabei Fehler auf, bilden sich Baufehler, die sog. Versetzungen. Diese Versetzungen zeigen sich an Unregelmäßigkeiten im Gitterbau, in der Anordnung der Netzebenen.

Im Falle einer Stufenversetzung ist im Gitter eine zusätzliche Netzebene eingefügt und verzerrt bzw. weitet das Gitter dort entlang der Versetzungslinie (◘ Abb. 1.36).

Bei einer Schraubenversetzung windet sich der Gitterbaufehler dreidimensional um eine Achse in die jeweilige Richtung dieser Versetzung (◘ Abb. 1.37). Die Gitterverzerrung findet sich hier entlang der Versetzungsachse.

Ein weiterer struktureller Defekt sind Kleinwinkelkorngrenzen. Bei ihnen werden zwei Gitter des identischen Materials mittels Einschiebung zusätzlicher, gegeneinander verkippter Netzebenen ineinander überführt (◘ Abb. 1.38).

Bei allen strukturellen Defekten bilden sich Gitterverzerrungen. Diese beeinflussen die physikalischen Eigenschaften. Bei Phasenumwandlungen können solche lokalen Gitterverzerrungen je nach Material die Umwandlung initiieren oder behindern. Weiterhin können im Bereich dieser Gitterverzerrungen lokal Fremdionen bevorzugt eingebaut werden, die

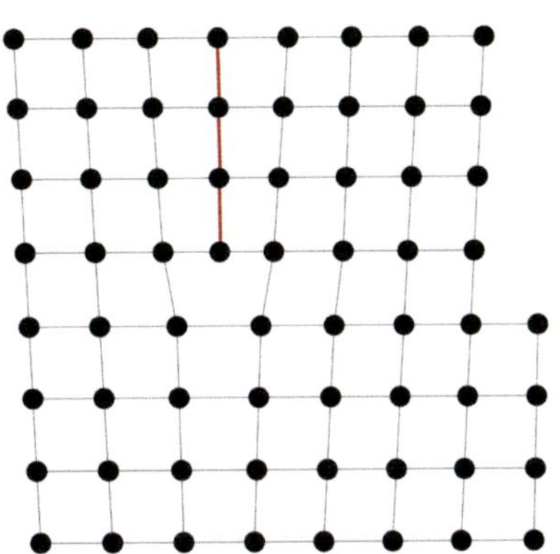

◘ **Abb. 1.36**   Prinzip einer Stufenversetzung in einem Gitter

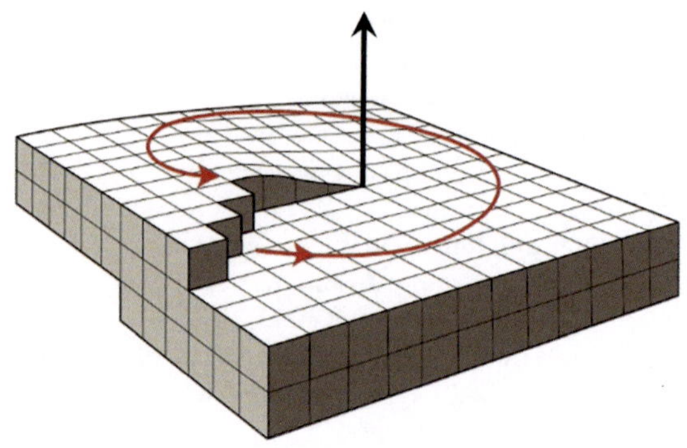

Abb. 1.37   Prinzip einer Schraubenversetzung an einem kubisch primitiven Gitter. Die Versetzungsachse ist in Schwarz dargestellt

aufgrund dieser lokalen Agglomeration chemische Inhomogenitäten hervorrufen und die Gesamteigenschaften des Kristalls deutlich beeinflussen.

Punktdefekte (Fehlordnungen) treten auf, wenn sich Einzelionen auf falschen Gitterpositionen einbauen oder dort fehlen (Abb. 1.39). Dann bilden sich die verschiedensten Arten von Defekten.

Bei einer Frenkel-Fehlordnung (Abb. 1.39a) finden sich Leerstellen im Kationengitter und Kationen auf Zwischengitterplätzen. Bei einer Anti-Frenkel-Fehlordnung (Abb. 1.39b) treten Leerstellen im Anionengitter und Anionen auf Zwischengitterplätzen auf. Eine Schottky-Fehlordnung (Abb. 1.39c) zeigt Leerstellen im Kationen- und Anionengitter. Eine Anti-Schottky-Fehlordnung (Abb. 1.39d) zeichnet sich durch Kationen und Anionen auf Zwischengitterplätzen aus. Als Anti-Lagen-Defekt (Abb. 1.39e) bezeichnet man die Ersetzung von Kationen durch Anionen oder umgekehrt. Ein Anti-Struktur-Defekt (Abb. 1.39f) ist ein Platztausch zwischen Kationen und Anionen.

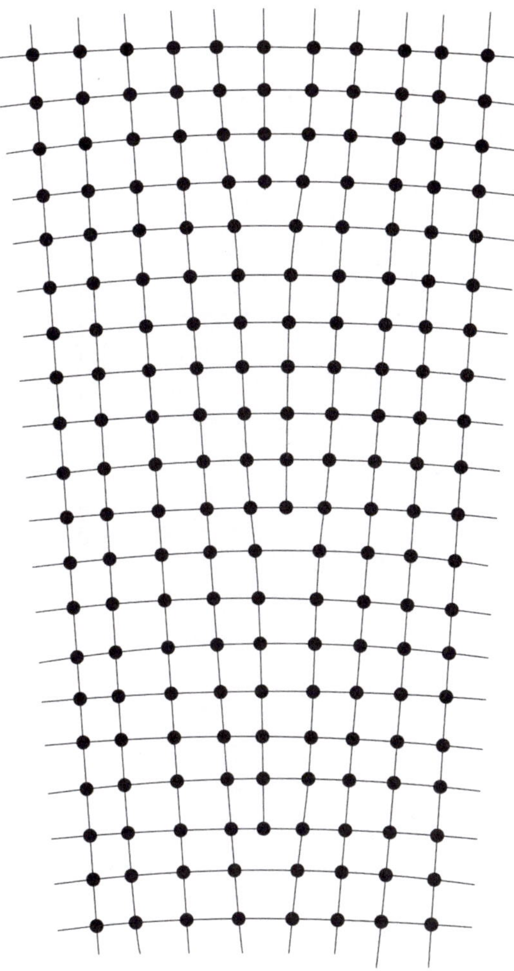

Abb. 1.38   Kleinwinkelkorngrenzen

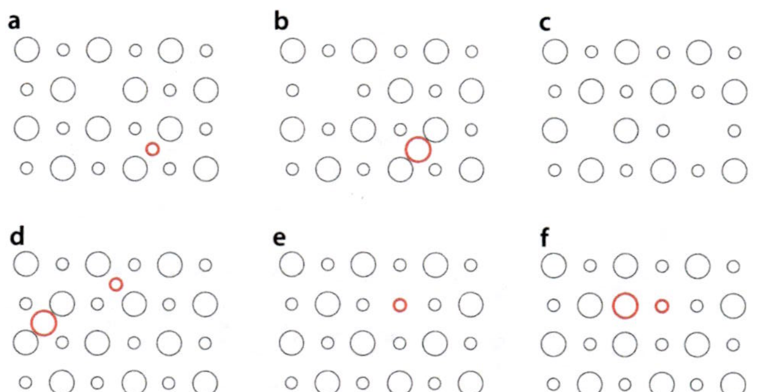

Abb. 1.39   Schematische zweidimensionale Darstellung von Punktdefekten in binären Ionenkristallen. **a** Frenkel-Fehlordnung, **b** Anti-Frenkel-Fehlordnung, **c** Schottky-Fehlordnung, **d** Anti-Schottky-Fehlordnung, **e** Anti-Lagen-Defekt, **f** Anti-Struktur-Defekt. Große Kreise = Anionen, kleine Kreise = Kationen

Röntgenstrukturanalyse

Der Aufbau von Kristallen mittels eines Punktgitters und Elementarzellen wird durch die Strukturuntersuchung mittels hochenergetischer Strahlung (z. B. Röntgenstrahlung) bestätigt und untermauert. Die Kristallflächen laufen parallel zu Netzebenen im Punktgitter. Die Kristallachsen sind die Punktreihen definierter Richtungen. Je nach Verlauf im Punktgitter zeigen die Netzebenen unterschiedliche Besetzungsdichten an Gitterpunkten. Dies ist in ◘ Abb. 1.40 exemplarisch an einem zweidimensionalen Gitter dargestellt.

Treffen Röntgenstrahlen (oder andere hochenergetische Strahlung) definierter Wellenlänge auf einen Kristall, also ein dreidimensional periodisch symmetrisches Punktgitter (Kristallgitter), so tritt diese Strahlung mit der Materie in Interaktion. Der einfallende Strahl wird gebeugt. Diese Beugung bei Reflexion an einer Netzebenenschar im Kristallgitter ist in ◘ Abb. 1.41 dargestellt.

Die Bragg'sche Gleichung stellt eine Gleichung zur Beschreibung der Interferenz des gebeugten Strahles an einer Netzebene S_1 mit dem gebeugten Strahl an der darunterliegenden Netzebene S_2 dar. Für ein Interferenzmaximum gilt somit die Bragg'sche Gleichung:

$$n \cdot \lambda = 2 \cdot d \cdot \sin \vartheta$$

Hierbei ist n die ganze Zahl, λ die Wellenlänge der Strahlung, d der Netzebenenabstand und ϑ der Einfallswinkel.

Dies ist die grundlegende Formel zur Bestimmung der Gitterkonstanten der jeweiligen Elementarzelle eines Materials.

Mit der Röntgenpulverdiffraktometrie können somit Materialuntersuchungen zur Bestimmung der physikalischen Gittermetrik und damit der Elementarzelle und ihrer Symmetrie durchgeführt und so die Substanz identifiziert werden.

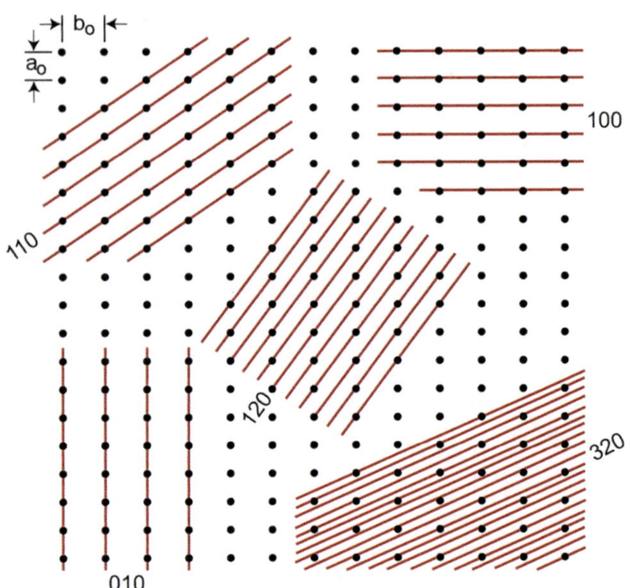

Abb. 1.40 Zusammenhang zwischen Besetzungsdichte der Punkt-reihen (bzw. Netzebenen) und die dazugehörigen Miller'schen Indizes. a_o = Identitätsabstand in Richtung a-Achse, b_o = Identitätsabstand in Richtung b-Achse

Weitergehende Betrachtungen zur Kristallstrukturunter-suchung sollen an dieser Stelle nicht weiter behandelt werden. Es wird daher auf entsprechende Lehrbücher verwiesen.

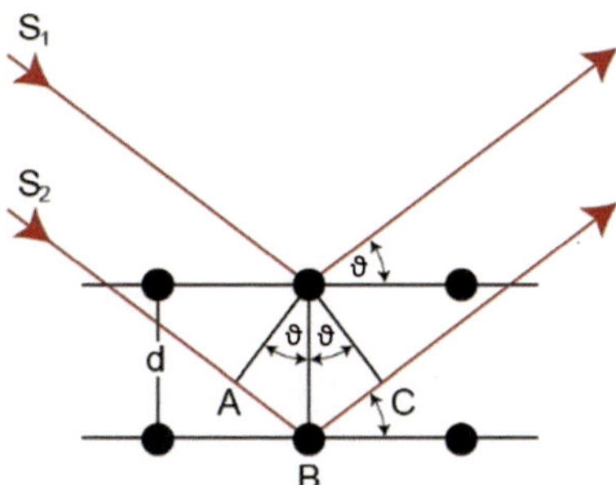

Abb. 1.41 Beugung von Röntgenstrahlen am Kristallgitter (zur Vereinfachung zweidimensionale Darstellung). S_1 = Strahl an oberer Netzebene gebeugt, S_2 = Strahl an darunterliegender Netzebene gebeugt, ϑ = Einfallswinkel, d = Netzebenenabstand, A, B, C = Gangunterschied beider Strahlen

Kristallchemie

© Springer-Verlag GmbH Deutschland, ein Teil von Springer Nature
2020
M. Göbbels, J. Götze und W. Lieber, *Physikalisch-chemische Mineralogie
kompakt*, https://doi.org/10.1007/978-3-662-60728-2_2

Die Kristallchemie beschreibt den Zusammenhang zwischen Kristallstruktur, der dreidimensionalen Anordnung von Ionen im Raum und den daraus resultierenden Eigenschaften.

Ausgehend vom Ion, dessen Wertigkeit und Bindungscharakter führt der Bindungstyp zur Bindungsstärke. Somit kann man den Koordinationspolyeder definieren, der dann in der Gesamtheit der anderen Ionen den Aufbau der Kristallstruktur darstellt. Mögliche Substitutionen (Diadochien) bzw. chemische „Unreinheiten" führen zu abweichenden physikalischen Eigenschaften der Materialien, z. B. die Rotfärbung des Rubins als chromverunreinigter Korund.

An dieser Stelle soll die Kristallchemie nur in Grundlagen, die Kristallfeldtheorie hingegen nicht behandelt werden.

Für die meisten Betrachtungen kristallchemischer Art genügt das Bohr'sche Atommodell, wobei für weitergehende Betrachtungen die Molekülorbitaltheorie in Ansätzen hilfreich ist.

Der detaillierte Aufbau des Periodensystems der Elemente (PSE) und die Zusammenhänge zwischen Perioden, Haupt- und Nebengruppen und der Elektronenkonfiguration werden als Grundwissen vorausgesetzt und daher hier nur knapp angeschnitten.

2.1 **Atom**

Das Atom wird als begreifbarer Baustein der Materie angesehen. Es besteht aus einem Kern und einer Hülle. Im Kern finden sich Protonen und Neutronen, in der Hülle die Elektronen. Die Zahl von Protonen und Elektronen ist gleich; damit besitzt das Atom keine Ladung. Die Neutronen können in unterschiedlicher Anzahl vorliegen; dann spricht man von Isotopen. Die Zahl der Protonen ist gleichzeitig die Ordnungszahl, die das Atom im Periodensystem der Elemente (PSE) einordnet.

2.2 **Isotop**

Isotope eines Atoms besitzen eine unterschiedliche Anzahl von Neutronen. Das Vorkommen in der Natur ist nicht gleich verteilt, einzelne Isotope sind häufiger als andere. Es gibt stabile und instabile Isotope. Instabile Isotope zerfallen nach einer ihnen typischen Zeit (Halbwertszeit). Somit können Isotopenverhältnisse geeigneter Atomarten für die Altersbestimmung oder die Existenz radioaktiver Zerfallsreihen herangezogen werden.

2.3 **Nuklid**

Als Nuklide werden sowohl Atome als auch Isotope bezeichnet. Es ist ein übergeordneter Begriff, der angibt, aus wie vielen Protonen und Neutronen die jeweiligen Atomkerne bestehen. Mit den Atomen lässt sich das Periodensystem der Elemente (PSE) aufbauen und erklären. Der Begriff Isotop ist eine ergänzende Bezeichnung zum Atombegriff.

2.4 **Ion**

Das Ion ist ein Atom, das ein oder mehrere Elektronen der äußeren Energieniveaus (Hüllen) abgegeben oder Elektronen in nicht besetzte äußere Energieniveaus (Hüllen) aufgenommen hat. Somit besitzt es eine Ladung, positiv bei Elektronenabgabe, negativ bei Elektronenaufnahme. Diese Ladung nennt man auch Wertigkeit. Damit einhergehend verändert sich auch der effektive Ionenradius.

2.5 Atommodelle

Im Laufe der Zeit haben sich viele Atommodelle und Vorstellungen zum Aufbau des Atoms entwickelt. Es sollen hier nur vier herausgegriffen werden.

Rutherford'sches Atommodell

Das Rutherford'sche Atommodell beschrieb 1911 erstmals das Atom bestehend aus positiv geladenem Kern und einer negativ geladenen Hülle.

Bohr'sches Atommodell

Das Bohr'sche Atommodell wurde 1913 entwickelt und basiert auf dem Rutherford'schen Atommodell, erweitert es aber durch den energetisch geordneten Aufbau der Hülle. In ihr finden sich die Elektronen bei definierten Energiezuständen, die zwiebelschalenartig angeordnet in Kreisbahnen (Hüllen) den Kern umkreisen (◘ Abb. 2.1).

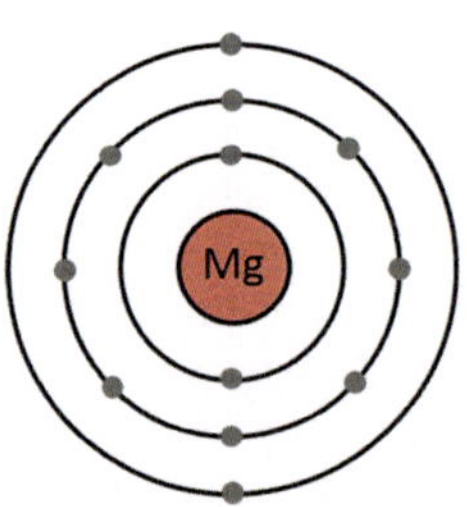

◘ **Abb. 2.1** Das Bohr'sche Atommodell am Beispiel von Magnesium. Rot = Atomkern, grau = Elektronen auf ihren jeweiligen Hüllen

Sommerfeld'sches Atommodell

Das Sommerfeld'sche Atommodell wurde 1915/16 als Erweiterung des Bohr'schen Atommodells vorgestellt. Es beschreibt nun die physikalische Erweiterung der Elektronenbahnen und bezieht Quantentheorien vor der Entwicklung der Quantenmechanik mit ein. Hier werden die Elektronenbahnen elliptisch beschrieben und nur im Spezialfall kreisförmig.

Orbitalmodell

Entwickelt 1928 stellt das Orbitalmodell als Wellenfunktion die räumliche Verteilung der einzelnen Elektronen als Lösung der Schrödinger-Gleichung dar. Die Aufenthaltswahrscheinlichkeit des jeweiligen Elektrons in seinem definierten Energiezustand wird jetzt nicht mehr als Kreis- oder Ellipsenbahn, sondern als dreidimensionales Orbital symmetrisch zum Kern beschrieben.

Auch wenn das Orbitalmodell aktuell (mit kleinen Modifikationen) als das zutreffendste Modell zu sehen ist, helfen doch das überholte Bohr'sche und Sommerfeld'sche Atommodell bei der Vorstellung vieler kristallchemischer Aspekte anschaulich beim Verständnis weiter.

2.6 Das Periodensystem der Elemente (PSE)

Im Periodensystem der Elemente werden die verschiedenen Atome systematisch nach ansteigender Protonenzahl angeordnet. Die Darstellung ist nach Perioden (Zeilen) und Gruppen (Spalten) geordnet (◘ Abb. 2.2). Betrachtet man die Elektronen, so kann man unterschiedliche Orbitale zuordnen.

Grundsätzlich finden sich in den Perioden folgende mögliche Atomorbitale (Schalen):

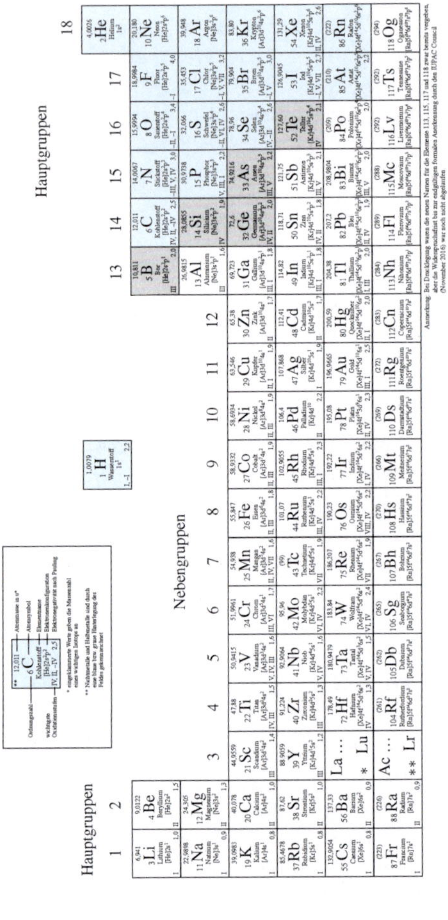

Abb. 2.2 Periodensystem der Elemente (Binnewies et al., 3. A., 2016)

- s-Orbitale (s für *sharp*, „scharf definiert")
- p-Orbitale (p für *principal*, „wesentlich")
- d-Orbitale (d für *diffuse*, „diffus")
- f-Orbitale (f für *fundamental*, „fundamental")

In den einzelnen Perioden baut sich die Anzahl der Elektronen mit zunehmender Periode auf. Sie werden auch mit den Begriffen K-, L-, M-, N-, O-, P- und Q-Schale bezeichnet.

Orbitale/Energieniveaus

Die Elektronen befinden sich je nach energetischem Zustand auf verschiedenen Orbitalen bzw. Energieniveaus in den Schalen und bauen so in „Blöcken" prinzipiell das PSE auf (Abb. 2.3). Die s-Orbitale können ein bis zwei Elektronen, die p-Orbitale ein bis sechs Elektronen, die d-Orbitale ein bis zehn Elektronen und die f-Orbitale ein bis 14 Elektronen aufnehmen.

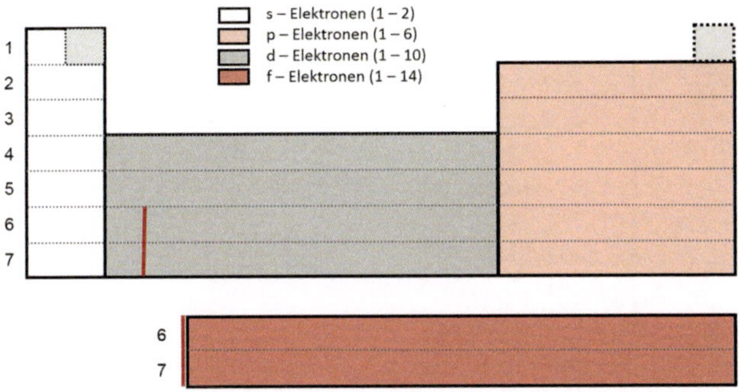

Abb. 2.3 Prinzipieller Aufbau des PSE durch die Energieniveaus der Schalen („Blöcke")

Grundsätzlich könnte man annehmen, dass die einzelnen Orbitale s, p, d und f klar geordnet ansteigende Energien besitzen und die jeweiligen Perioden ebenfalls. In der Realität ist dies aber nicht so. Die energetische Lage der jeweiligen s-Orbitale definiert eine neue Schale.

Somit werden die zur dritten Periode gehörenden d-Elektronen erst in der vierten Periode und die zur vierten Periode gehörenden f-Elektronen in der sechsten Periode eingeordnet (■ Abb. 2.4).

Die Bezeichnung 1s bezieht sich auf die s-Elektronen der ersten Schale, $1s^2$ würde dann die Besetzung dieser Schale mit zwei Elektronen ausdrücken.

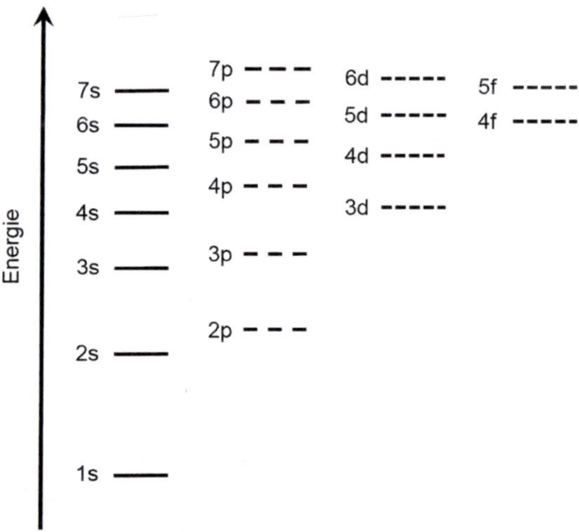

■ **Abb. 2.4**   Relative Lage der Energieniveaus als Basis für die Abfolge der Besetzung im PSE

2.7 Chemische Bindung/Bindungstyp

Man unterscheidet prinzipiell vier Bindungsarten. Ihnen werden Archetypverbindungen (Prototypverbindungen) zugeordnet, die diese Bindungsart in reiner Form repräsentieren.

Ionenbindung

Bei der Ionenbindung (heteropolaren Bindung) liegen Ionen unterschiedlicher Ladung und deutlich unterschiedlicher Größe in einem Kristallgitter vor. Aufgrund der unterschiedlichen Ladungen der Ionen wirkt sie in alle Richtung über größere Reichweiten und basiert auf der elektrostatischen Anziehung. Dabei bildet das Anionengitter das Gerüst, in dessen Lücken sich die kleineren Kationen einlagern. Das Steinsalz (Halit, NaCl) ist der Archetyp dieser Bindungsart (◘ Abb. 2.5).

Kovalente Bindung

Bei der kovalenten Bindung (Atombindung, homöopolare Bindung, Elektronenpaarbindung) findet man gerichtete Bindungen zwischen den Ionen. Dabei überlappen sich die bindenden Orbitale, und in der Konsequenz findet sich ein starker Bindungscharakter. Ein Ion ist von vier anderen tetraedrisch umgeben. Archetyp dieser Bindungsart ist Diamant (◘ Abb. 2.6).

Metallische Bindung

Die metallische Bindung beruht auf der Vorstellung von sog. positiv geladenen „Atomrümpfen", die ihre Valenzelektronen

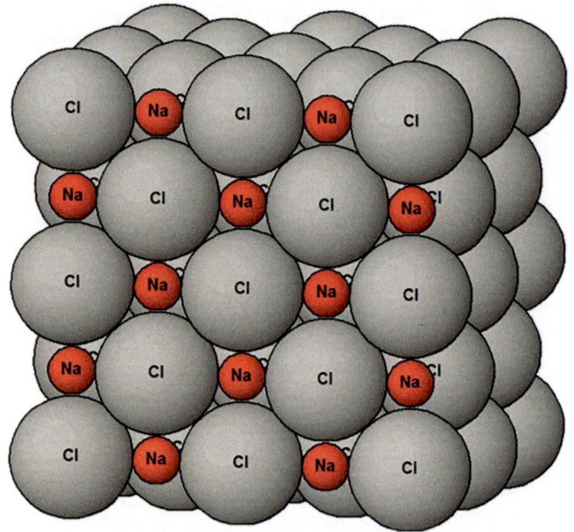

▫ Abb. 2.5   Ionenbindung am Beispiel des Steinsalzes (NaCl)

in höhere energetische Niveaus abgegeben haben. Die Valenz-elektronen bewegen sich ungehindert zwischen den Atom-rümpfen (Elektronengas), was u. a. auch die Eigenschaft der elektrischen Leitfähigkeit erklärt. Archetyp dieser Bindung ist das α-Eisen (▫ Abb. 2.7).

Schwache Bindungen

Unter dem Begriff der „schwachen Bindung" (Restbindung) werden unterschiedliche Arten von Wechselwirkungen zwischen Molekülen zusammengefasst. Die Wasserstoffbrückenbindung ist dabei noch die stärkste, bei der der Wasserstoff (meist vom H_2O) mit Stickstoff, Sauerstoff und Fluor wechselwirkt.

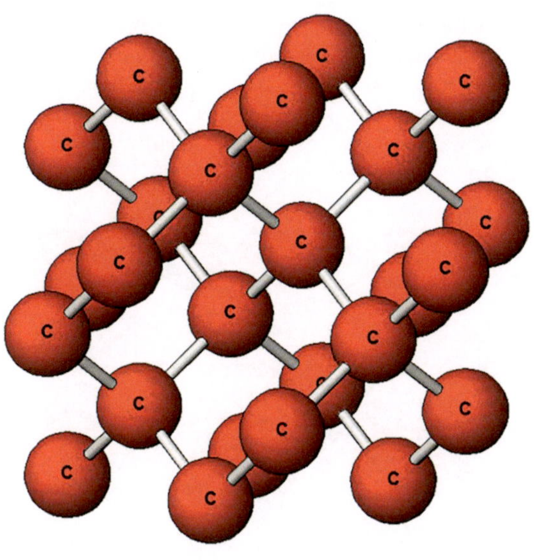

▣ Abb. 2.6   Kovalente Bindung am Beispiel des Diamanten (C)

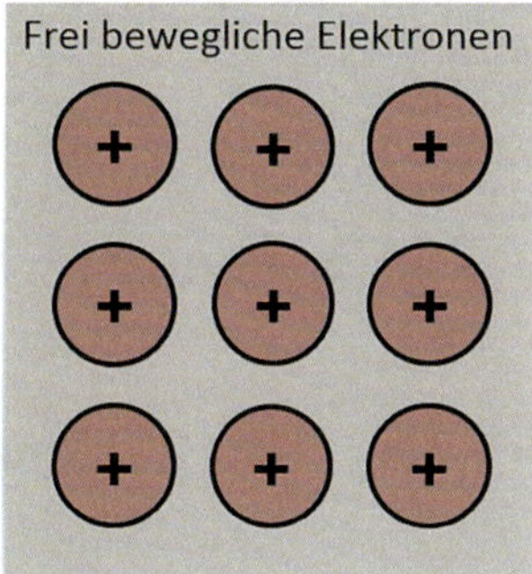

▣ Abb. 2.7   Metallische Bindung

Weiterhin findet man die Van-der-Waals-Wechselwirkungen, die unterschiedliche Ursachen haben können. Bei diesen „schwachen Bindungen" einen Archetyp zu definieren, ist nicht eindeutig möglich. Das Paradebeispiel ist die Van-der-Waals-Bindung zwischen den einzelnen C-Schichten im Graphit (■ Abb. 2.8).

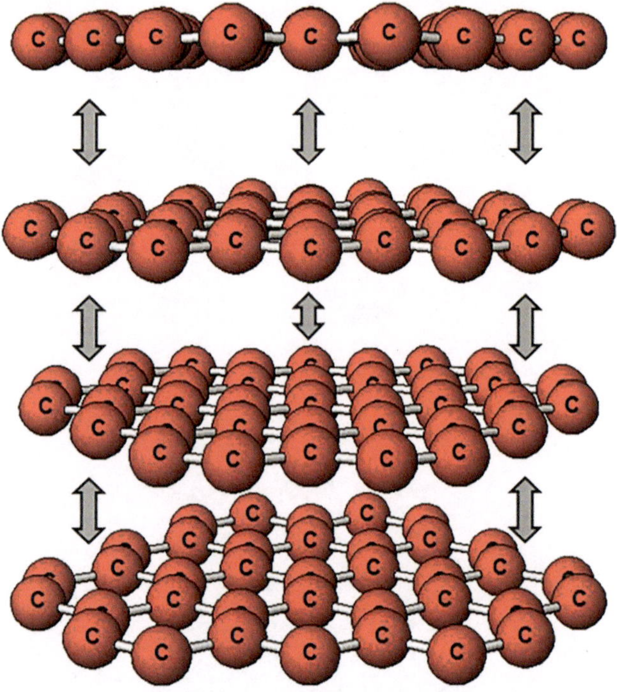

■ **Abb. 2.8**   Van-der-Waals-Bindung (verdeutlicht durch Doppelpfeile) am Beispiel von Graphit (C)

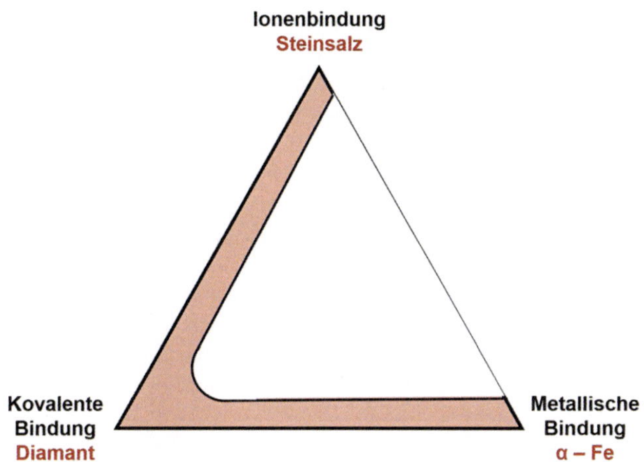

Abb. 2.9   Prinzip der Mischbindungen (verdeutlicht in Rot)

Mischbindungen

Bei allen Verbindungen, die nicht als Archetypen gelten, muss man prinzipiell von Mischbindungen unterschiedlicher Bindungsanteile ausgehen (■ Abb. 2.9). Dabei ist die Verteilung der Bindungsanteile nicht trivial und oft umstritten.

2.8 Ambivalenz des Polyederbegriffs in Kristallographie und Kristallchemie

Ionen, die mit geeigneter Bindungsart mit ihren Nachbarn interagieren und ein Netzwerk bilden, bezeichnet man als Kristallstruktur. Zum besseren Verständnis werden die nächstkoordinierten Ionen eines Zentralions als Ecken eines Polyeders angesehen, des sog. Koordinationspolyeders. Dabei sind die koordinierenden Ionen die Ecken des Polyeders. Die positiven Ionen (Kationen) werden von negativen Ionen (Anionen) koordiniert (nur diese Definition ergibt sinnvolle Polyeder). Somit baut sich die Kristallstruktur aus einer Verknüpfung von Polyedern auf und wird verständlich.

Der Begriff des Polyeders in der Kristallographie/Geometrie ist viel exakter als in der Kristallchemie, da es in der Kristallographie/Geometrie auf definierte Winkel und Kantenlängen und Symmetrie ankommt. In der Kristallchemie ist hingegen die Chemie relevant, und die Koordinationspolyeder werden nur idealisiert beschrieben. Verzerrungen der Polyeder sind von untergeordneter Bedeutung.

2.9 Koordinationssphären

Ionen sind in einer Kristallstruktur dreidimensional entsprechend der Bindungsverhältnisse angeordnet. Die nächsten Nachbarn bilden dabei die jeweiligen Koordinationspolyeder.

Zur Bestimmung der Koordinationssphäre wird ausgehend vom Zentralion im Zweidimensionalen ein Kreis (im Dreidimensionalen eine Kugel) mit zunehmendem Radius aufgespannt (◘ Abb. 2.10). Die benachbarten Ionen, die als Erste von diesem Kreis (resp. Kugel) berührt werden, bilden die erste Koordinationssphäre, die nächsten die zweite usw. Durch die Anzahl der Ionen der ersten Koordinationssphäre wird der Koordinationspolyeder definiert.

Dabei werden Toleranzen des Abstands zum Teil von bis zu 10 % akzeptiert. Damit erklärt sich dann auch die Verzerrung der Koordinationspolyeder in der Kristallchemie.

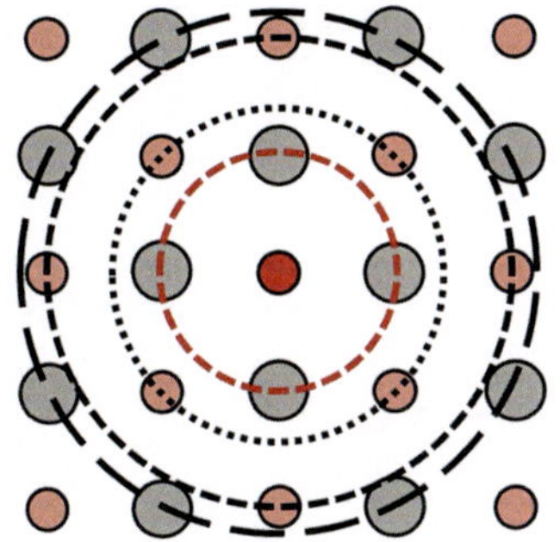

Abb. 2.10 Koordinationssphäre im Zweidimensionalen

2.10 Koordinationspolyeder/ Koordinationszahl

Das zu koordinierende Kation sitzt im Idealfall in der Mitte des Koordinationspolyeders (Kp). Die Ecken repräsentieren die koordinierenden Anionen. Die Zahl der Ecken wird auch als Koordinationszahl (Kz) bezeichnet.

In ■ Abb. 2.11 sind die üblichen Koordinationspolyeder mit Koordinationszahl dargestellt.

Komplexere Polyeder oder Abweichungen von diesen typischen Beispielen sind eher selten und werden dann in dem speziellen Zusammenhang explizit näher erläutert.

2.11 Chemische Formeln/Formelschreibweise

Chemische Formeln dienen der Festlegung der chemischen Zusammensetzung. Meist werden damit Idealzusammensetzungen angegeben. In einer Elementarzelle ist eine definierte Zahl von Elementatomen (z. B. Ag) bzw. Elementverbindungen (z. B. KCl) enthalten. Dabei haben die Atome der Verbindungen

Koordinationspolyeder (Kp)   Koordinationszahl (Kz)

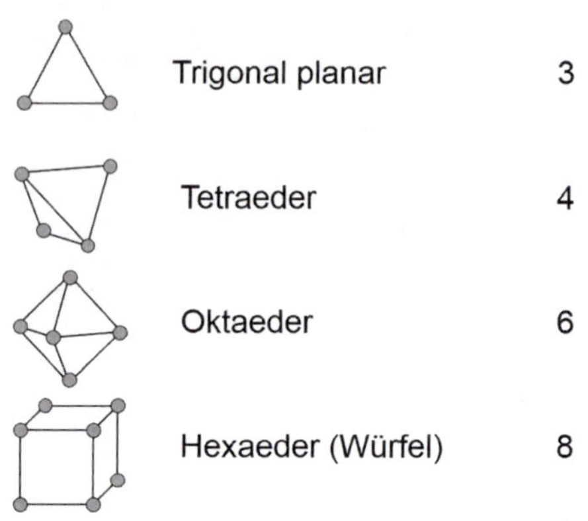

▫ Abb. 2.11   Korrelation von geometrischer Form, Koordinationspolyeder und Koordinationszahl

ein definiertes Verhältnis zueinander, welches für das gesamte Mineral zutrifft (= stöchiometrische Zusammensetzung) und durch eine einfache Mineralformel ausgedrückt wird (z. B. K:Cl = 1:1 = KCl = Sylvin). In der Realität finden sich aber oft Abweichungen von der theoretischen stöchiometrischen Zusammensetzung (siehe Stöchiometrie) aufgrund von chemischen Variationen.

Da es eine Vielzahl von Materialien gibt, ist es hilfreich, diese in Gruppen entsprechend ihrer Bindungscharaktere und Koordinationspolyeder sowie in Klassen einzuteilen.

In den Geowissenschaften hat sich eine sog. Strukturformelschreibweise entwickelt, die auch darüber hinaus verwendet wird. Man arbeitet dabei mit unterschiedlicher Klammersetzung, um die charakteristischen Ionengruppen hervorzuheben und damit schon eine strukturelle Vorstellung bzw. Einordnung zu ermöglichen.

Beispiel: Mineral Vesuvian

„Einfache" unstrukturierte Schreibweise:
$Ca_{10}(Mg,Fe)_2Al_4Si_{15}H_4O_{59}$
„Strukturformelschreibweise":
$Ca_{10}(Mg,Fe)_2Al_4[(OH)_4/(SiO_4)_5/(Si_2O_7)_5]$,

wobei der Formelteil (SiO_4) ein Hinweis auf eine insel-silikatische und der Formelteil (Si_2O_7) einen Hinweis auf eine gruppensilikatische strukturelle Zuordnung gibt.

Insgesamt wird der Vesuvian den Gruppensilikaten zugeordnet mit dem Spezialfall von inselsilikatischen Struktur-anteilen.

Enthält ein Mineral Elemente, die in unterschiedlichen Wertigkeiten auftreten, so kann dies in der Mineralformel gekennzeichnet werden.

Beispiel:

Magnetit	$Fe^{2+}Fe_2^{3+}O_4$

Zur Kennzeichnung struktureller Unterschiede von chemisch gleichen oder ähnlichen Verbindungen wird in kristall-chemischen Darstellungen von Mineralformeln mitunter die Koordination von Atomen gekennzeichnet.

Beispiel:

Disthen	$Al^{[VI]}\,Al^{[VI]}\,[O/(SiO_4)]$
Andalusit	$Al^{[VI]}\,Al^{[V]}\,[O/(SiO_4)]$
Sillimanit	$Al^{[VI]}\,Al^{[IV]}\,[O/(SiO_4)]$

Will man in einer chemischen Formel sowohl die Koordination als auch die Wertigkeit der Ionen kennzeichnen, wird die Wertigkeit in eckigen Klammern mit römischen Zahlen hoch- und vorgestellt und die Wertigkeit hoch- und nachgestellt.

Beispiel:

| Magnetit | $^{[IV]}Fe^{2+}\,^{[VI]}Fe_2^{\,3+}O_4$ |

H_2O bzw. $(OH)^-$ spielt in verschiedenen Mineralen eine wichtige Rolle, wobei folgende Arten unterschieden werden:

- Kristallwasser (H_2O Moleküle) besetzt definierte Gitterplätze und kann beim Erhitzen unter Zerstörung der Struktur abgegeben werden.
  Beispiel:

| Gips | $Ca[SO_4] \cdot 2\,H_2O$ |

- Konstitutionswasser (OH-Gruppe) entweicht beim Erhitzen auf einige Hundert Grad Celsius.
  Beispiel:

| Kaolinit | $Al_2[(OH)_4/Si_2O_5]$ |

- Kolloidwasser (Absorptionswasser) in Hydrogelen kann kontinuierlich abgegeben, aber nicht in jedem Fall wieder aufgenommen werden.
  Beispiel:

| Opal | $SiO_2 + aq.$ |

- Zeolithwasser charakterisiert Wassermoleküle, die in verschiedenen Hohlräumen des Gitters fixiert werden können und austauschbar sind.
  Beispiel:

| Natrolith | $Na_2[Al_2Si_3O_{10}] \cdot 2\,H_2O$ |

- Zwischenschichtwasser ist in Schichtgittermineralen zwischen den Schichten eingelagert und kann kontinuierlich aufgenommen (Quellung) und abgegeben werden.

Beispiel:

Montmorillonit	$Al_2[(OH)_2/(Si_4O_{10})] \cdot n\,H_2O$	(ideal)
Montmorillonit	$(Na,Ca)_{0,3}(Al,Mg)_2[(OH)_2/(Si_4O_{10})] \cdot n\,H_2O$	

2.12 Stöchiometrie

Die Stöchiometrie ist ein grundlegendes mathematisches Hilfsmittel in der Chemie. Mit ihrer Hilfe werden aus der qualitativen Kenntnis der Edukte und Produkte einer Reaktion die tatsächlichen Mengenverhältnisse (Reaktionsgleichung) und Stoffmengen berechnet. Dabei werden die ganzzahligen Molmengen in einer Reaktion angegeben:

$$1\,HCl + 1\,NaOH = 1\,NaCl + 1\,H_2O$$
$$1\,CaCO_3 + 2\,HCl = 1\,CaCl_2 + 1\,H_2CO_3$$

Analog wird die stöchiometrische chemische Formel einer Substanz immer mit ganzzahligen Anteilen angegeben. Beispiel Forsterit – $Mg_2[SiO_4]$.

Bei einer chemischen Abweichung von der Stöchiometrie werden unterschiedliche Begriffe verwendet. Als sinnvoll hat sich folgende Einteilung erwiesen:

- Dotierung: Einbau von Fremdionen bis zu mehreren Prozent
- Phasenbreite: Einbau von Fremdionen bis zu zehn Prozent
- Mischkristall: Einbau von Fremdionen bis zu mehreren zehn Prozent
- Lückenloser Mischkristall: Keine Begrenzung der Mischbarkeit

Der Einbau von Fremdionen kann mit den Begriffen „Diadochie" und „Substitution" erklärt werden.

2.13 Typie

Mit den Begriffen zur Typie werden kristallgeometrische Beziehungen zwischen Kristallgittern beschrieben. Diese Begriffe werden häufig im Zusammenhang zur Beschreibung von unbegrenzten und begrenzten Mischkristallen bzw. keinen Mischbarkeiten verwendet. Man unterscheidet:

- Isotypie: (Isostrukturell) geometrisch gleiche Gitter mit gleicher Raumgruppe und einer Ionenbesetzung auf gleichen Atompositionen.
  Beispiele: NaCl und PbO mit Pb^{2+} auf Na^+ und O^{2-} auf Cl^--Position
  CaF_2 und Na_2O mit O^{2-} auf Ca^{2+} und Na^+ auf F^--Position
- Homöotypie: Nur geometrisch ähnliche Gitter
- Heterotypie: Geometrisch verschiedenartige Gitter

2.14 Mischkristallbildung, Diadochie und Substitution

Realkristalle sind in der Regel nichtstöchiometrisch zusammengesetzt. Diese Fehlordnungen im Kristallgitter führen zu chemischen Variationen, die als Diadochie bzw. Isomorphie beschrieben werden. Unter Diadochie versteht man die Fehlordnung bzw. gegenseitige Ersetzbarkeit von einzelnen Atomen/Ionen, während bei der Isomorphie der Grad der Fehlordnung größer ist und zur Bildung sog. Mischkristalle (isomorpher Mischungen) führt. Voraussetzung ist immer ein nach außen neutraler Mischkristall ohne Ladungsüber- oder Ladungsunterschuss.

Ein Ion der gegebenen chemischen Zusammensetzung wird durch ein anderes Ion auf dem Gitterplatz ersetzt. Ideale Voraussetzungen sind vergleichbare Ionenradien dieser Koordination und gleiche Ladung. Beim Ionenradius können Unterschiede von +/−10 % von der Kristallstruktur aufgefangen werden. Bei einem größeren Unterschied hängt es von der „Toleranz" der Kristallstruktur ab, ob ein diadocher Ersatz möglich ist. Bei der Diadochie werden nur einzelne Ionen ersetzt.

Die Formeln von Mischkristallen zeigen die sich ersetzenden Atome/Ionen in der Reihenfolge der Häufigkeit.

Beispiel: Ein Olivin als Mischkristall von Forsterit $Mg_2[SiO_4]$ und Fayalit $Fe_2[SiO_4]$ hat beim Überwiegen des Forsterit-Anteils die Formel $(Mg,Fe)_2[SiO_4]$, bei Dominanz von Fayalit $(Fe,Mg)_2[SiO_4]$.

Treten Unterschiede in der Valenz auf, so muss eine Möglichkeit des Valenzausgleichs gegeben sein. Dabei muss eine Kompensationssubstitution mit einem anderen Kation oder Anion geeignet anderer Ladung auf zusätzlichen Gitterplätzen stattfinden. Eine weitere Möglichkeit ist die Bildung von Fehlstellen geeigneter Art im Gitter, die den Valenzausgleich bewirken. In diesen komplexeren Fällen spricht man von Substitution.

Bei einer einfachen Substitution werden im sich bildenden Substitutionsmischkristall einzelne Ionen ersetzt.

Bei einer gekoppelten Substitution werden im sich bildenden Mischkristall verschiedene Ionen unterschiedlicher Wertigkeit ersetzt. Durch gekoppelten Austausch von Bausteinen wird Valenzausgleich realisiert.

Beispiel: Feldspäte der Plagioklas-Reihe; in Albit $Na[AlSi_3O_8]$ wird Na^+ durch Ca^{2+} substituiert, dafür gleichzeitig Si^{4+} durch Al^{3+}; es ergibt sich $Ca[Al_2Si_2O_8] = $ Anorthit.

Additions- oder Subtraktionssubstitution tritt bei Gittern dichter Kugelpackungen auf, die aus ähnlichen Baugerüsten (heterotyp) bestehen. Dabei werden zusätzliche Ionen eingebaut (Additionsfehlordnung – Frenkel-Typ) oder Gitterpositionen nicht besetzt, um einen Ladungsausgleich zu erhalten (Subtraktionsfehlordnung – Schottky-Typ).

Je nach Art der Kristallstruktur ist es möglich, in begrenztem Umfang Fremdionen (meist Kationen) auf sog. Zwischengitterplätzen einzubauen und somit geringe chemische Variationen zu ermöglichen. Dies muss dann mit geeigneten Kompensationen über andere Fehlstellenbildungen einhergehen. Kristallstrukturen dieser Art nennt man auch Einlagerungsmischkristalle. Stichwort ist in diesem Zusammenhang auch der Punktdefekt.

2.15 Ionengröße/Ionenradius

Die Ionengröße kann nicht gemessen werden. Die aktuell zutreffendsten Ionenradien wurden von Shannon und Prewitt publiziert. Bei diesen Ionenradien muss bedacht werden, dass man ein „Referenzion" zugrunde legt. Fast immer werden die Zahlenwerte bezogen auf Sauerstoff verwendet. Es gibt aber auch Ionenradien mit Fluor als „Referenzion".

Der effektive Ionenradius hängt vom Valenzzustand und vom Koordinationspolyeder ab. Prinzipiell kann man annehmen, dass der effektive Ionenradius mit zunehmender Koordinationszahl bei gleichem Valenzzustand steigt und mit zunehmender Valenz beim gleichen Ion abnimmt (◘ Tab. 2.1).

2.16 Prinzip zum Aufbau von Kristallstrukturen/Grundkonzepte

Zum Verständnis bzw. der geometrischen Darstellung von Kristallstrukturen werden folgende Annahmen zugrunde gelegt:

- Die Ionen werden angenähert als Kugeln angesehen.
- Annahme des Konzepts der konkreten Größe der Kristallbausteine: Ionen lassen sich mit Radien beschreiben, die charakteristisch für Valenz, Bindungscharakter und Koordinationspolyeder sind.
- Chemische Formeln geben ideale Zusammensetzungen an.
- Fehlstellen und geringe Dotierungen werden nicht beachtet.
- Das Konzept der Kugelpackung: Anionen lagern sich als Kugelpackungen aneinander an.

◘ Tab. 2.1 Ausgewählte effektive Radien von Kationen bezogen auf Sauerstoff nach Shannon (1976), Acta Cryst. A, 32, S. 751. SQ = quadratisch planare Koordination, HS = High-Spin-Zustand, LS = Low-Spin-Zustand

Element	Ladung	Koordination	Radius [Å]
Al	3+	4	0,39
		5	0,48
		6	0,535
Ba	2+	6	1,35
		7	1,38
		8	1,42
		9	1,47
		10	1,52
		11	1,57
		12	1,61
Ca	2+	6	1.00
		7	1,06
		8	1,12
		9	1,18
		10	1,23
		12	1,34
Cr	3+	6	0,615
	4+	4	0,41
		6	0,55
	5+	4	0,345
		6	0,49
		8	0,57
	6+	4	0,26
		6	0,44
Cu	1+	2	0,46
		4	0.60
		6	0,77
	2+	4	0,57
		4 (SQ)	0,57
		5	0,65
		6	0,73
Fe	2+	4	HS 0.63
		4 (SQ)	0,64
		6	LS 0.61
			HS 0.78
			0,92
	3+	4	HS 0.49
		5	0,58
		6	LS 0.55
			HS 0.645
		8	0,78

Element	Ladung	Koordination	Radius [Å]
K	1+	4	1,37
		6	1,38
		7	1,46
		8	1,51
		9	1,55
		10	1,59
		12	1,64
Li	1+	4	0,59
		6	0,76
		8	0,92
Mg	2+	4	0,57
		5	0,66
		6	0,72
		8	0,89
Mn	2+	4	HS 0.66
		5	HS 0.75
		6	LS 0.67
			HS 0.83
		7	HS 0.9
		8	0,96
	3+	5	0,58
		6	LS 0.58
			HS 0.645
	4+	4	0,39
		6	0,53
Na	1+	6	1,02
		7	1,12
		8	1,18
		9	1,24
		12	1,39
Si	4+	4	0,26
		6	0.40
Sr	2+	6	1,18
		7	1,21
		8	1,26
		9	1,31
		10	1,36
Ti	3+	6	0,67
	4+	4	0,42
		5	0,51
		6	0,605
		8	0,74

- Das Raumerfüllungspostulat:
    - Raumprinzip: Möglichst dicht gepackt
    - Symmetrieprinzip: Möglichst hohe Symmetrie
    - Wechselwirkungsprinzip: Möglichst viele Nachbarn.
- Es gilt das Konzept der chemischen Bindung: Die chemische Bindung bewirkt den Zusammenhalt der Gesamtstruktur.
- Kationen werden von Anionen in Form von Polyedern umgeben.
- Die Koordinationspolyeder bauen in geeigneter Verknüpfung die Gesamtstruktur auf.
- Eckenverknüpfte Polyeder sind stabiler gegenüber Verzerrungen, kantenverknüpfte Polyeder weniger stabil und flächenverknüpfte Polyeder noch weniger stabil.
- Die Zahl der unterschiedlichen Polyeder in einer Struktur ist meist klein.

2.17 Radienverhältnisse/Grenzradienquotient

Es gilt die Annahme, dass nur bei den Archetypen reine Bindungstypen vorliegen. Trotzdem werden davon Zusammenhänge zwischen Ionenradienverhältnissen und den Koordinationspolyedern abgeleitet. Die Ausnahmen in der Realität sind dementsprechend zahlreich.

Für Ionenkristalle werden die sog. Radienquotienten für die Einteilung herangezogen. Dabei wird der Radienquotient von Ion A und Ion B als r_A/r_B berechnet. Dabei ist A das kleinere Ion (Kation) und B das größere Ion (Anion), sodass $r_A/r_B < 1$ gilt (◼ Tab. 2.2).

2.18 Kugelpackungen

Generell kann man sich Kristallstrukturen so aufgebaut vorstellen, dass sie aus einem „Gerüst" der Anionen bestehen, in deren Lücken sich die Kationen geeignet entsprechend der

▪ Tab. 2.2 Zusammenhang zwischen Radienquotient und Koordinationspolyeder

Radien-quotient r_A/r_B	Koordinations-zahl	Koordinations-Polyeder	Beispiel für Koordination von O^{2-}
0,155 bis 0,255	[3]	Trigonal planar	$[CO_3]^{2-}$
0,255 bis 0,414	[4]	Tetraeder	$[SO_4]^{2-}$ $[PO_4]^{3-}$ $[SiO_4]^{4-}$ $[AlO_4]^{5-}$
0.414 bis 0,732	[6]	Oktaeder	$[AlO_6]^{9-}$
0,732 bis < 1	[8]	Hexaeder	$[CaO_8]^{14-}$ $[NaO_8]^{5-}$

Ladung und Größe einlagern. Meist sind diese Anionen von einer Ionenart, z. B. Sauerstoff. Vor dem Hintergrund des Kugelmodells der Ionen bilden sich somit unterschiedliche Kugelpackungen dieser Anionen gleicher Größe. Dabei gibt es verschiedene Möglichkeiten, Kugeln in der Ebene anzuordnen (▪ Abb. 2.12).

Nur eine dieser Anordnungen ergibt eine dichteste Kugelpackung. Stapelt man nun diese zweidimensionalen dichtesten Kugelpackungen im Raum, so kann man unterschiedliche Stapelabfolgen erzeugen. Die Schichtabfolge A–B–A–B wird als hexagonal dichteste Kugelpackung beschrieben (HdP) (▪ Abb. 2.13a).

Die Abfolge A–B–C–A–B–C wird als kubisch dichteste Kugelpackung beschrieben (KdP) (▪ Abb. 2.13b).

2.19 Polymorphie/Modifikation

Die Begriffe „Polymorphie" und „Modifikation" sind gleich und bezeichnen Materialien, die chemisch identisch sind, aber in verschiedenen Kristallstrukturen vorkommen. Diese

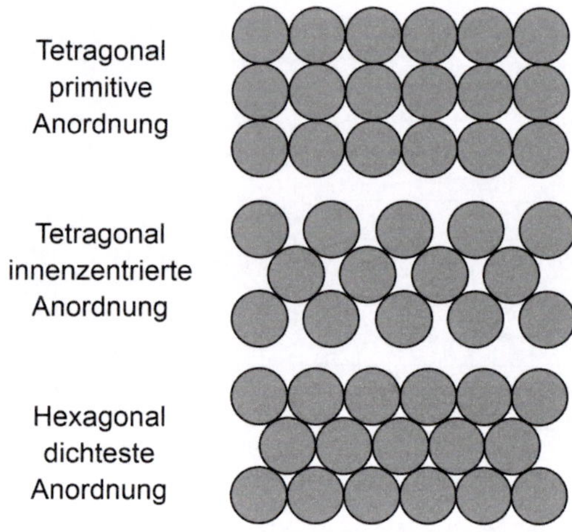

Abb. 2.12   Mögliche Kugelpackungen in der Ebene

polymorphen Formen besitzen andere Eigenschaften und unterschiedliche Stabilitätsbereiche im Druck- und Temperaturraum. Dabei wechselt die Valenz der jeweiligen Ionen nicht.

■ Beispiel

SiO_2 tritt u. a. als Tief- bzw. Hoch-Quarz, als Tief- bzw. Hoch-Tridymit, als Tief- bzw. Hoch-Cristobalit, als Coesit oder Stishovit auf.

C tritt u. a. als Graphit, Diamant oder Fulleren auf.

Enantiotrope Umwandlungen bezeichnen einen wechselseitigen (reversiblen) Übergang von einer in eine andere Modifikation. **Beispiel:** Tief-/Hochquarz.

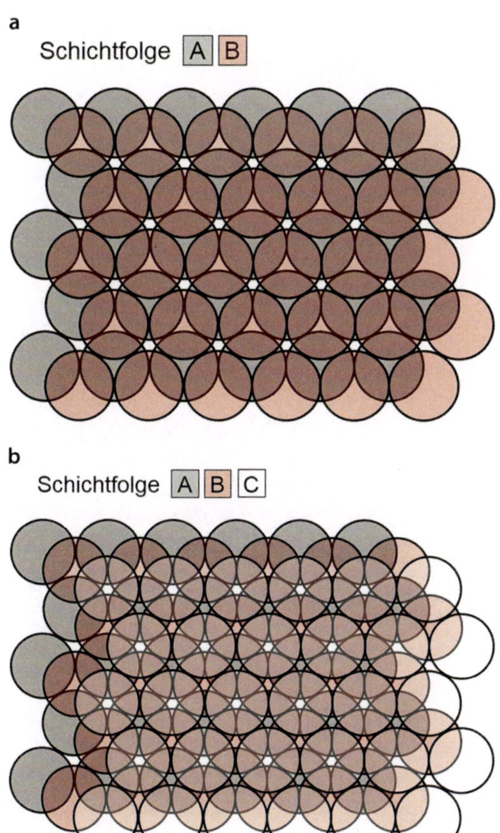

Abb. 2.13   **a** Hexagonal dichteste Kugelpackung (HdP) mit der Schichtabfolge A–B–A–B. **b** Kubisch dichteste Kugelpackung (KdP) mit der Schichtabfolge A–B–C–A–B–C

Monotrope Umwandlungen laufen nur in eine Richtung ab (irreversibel). **Beispiele:** Aragonit in Calcit, Markasit in Pyrit.

2.20 Phasenumwandlungen

Es gibt eine Vielzahl von Phasenumwandlungen, die sich meist nur marginal voneinander unterscheiden. Folgende Begriffe sind dabei wichtig:

- Reversibel: Die Phasenumwandlung ist umkehrbar.
- Irreversibel: Die Phasenumwandlung ist nicht umkehrbar.
- Dilativ: Die Phasenumwandlung bewirkt eine Längenänderung von Bindungen (länger oder kürzer). Dabei tritt untergeordnet auch eine kleine Änderung von Bindungswinkeln auf.
- Displaziv: Die Phasenumwandlung bewirkt eine Änderung der Atompositionen zueinander durch eine Änderung von Bindungswinkeln. Dabei tritt untergeordnet auch eine kleine Längenänderung von Bindungen (länger oder kürzer) auf.
- Rekonstruktiv: Die Phasenumwandlung erfordert ein Aufbrechen von Bindungen und eine Bildung (Rekonstruktion) einer deutlich unterschiedlichen Kristallstruktur.

Ob eine Phasenumwandlung zur mechanischen Zerstörung des Kristalls führt, ist nur schwer vorhersagbar.

Phasenumwandlungen können schnell und dann bisweilen nicht abschreckbar (z. B. dilative und displazive Phasenumwandlungen) oder langsam kinetisch gehindert (z. B. rekonstruktive Phasenumwandlungen) ablaufen.

Die Kenntnis der Buerger'schen Klassifikation polymorpher Phasenumwandlungen ist eine solide Basis zum Verständnis der Prinzipien:

1. Änderung in erster Koordination:	dilativ (schnell) rekonstruktiv (langsam)
2. Änderung in zweiter Koordination:	displaziv (schnell) rekonstruktiv (langsam)
3. Ordnung/Unordnung (langsam)	
4. Änderung des Bindungscharakters (langsam)	

Änderung in erster Koordination: dilativ (schnell)

Verzerrung der Kristallstruktur (des Gitters) durch Elongation entlang der Raumdiagonalen (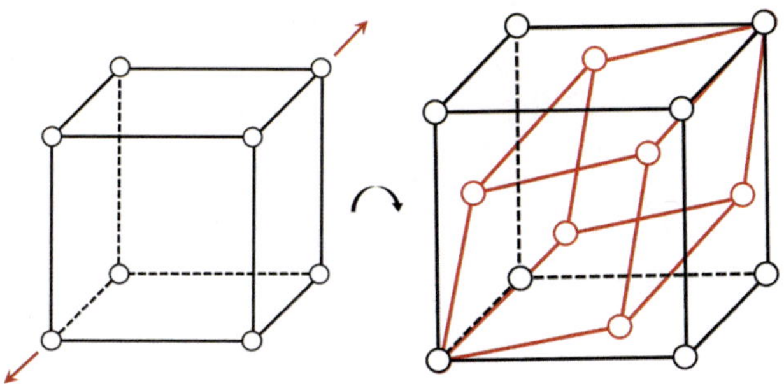 Abb. 2.14).

Beispiel: ZnS – Zinkblende in Wurtzit

Verzerrung der Kristallstruktur durch Elongation entlang der Raumdiagonalen

Abb. 2.14 Umwandlung von Zinkblende in Wurtzit – Prinzip der Verzerrung

Änderung in erster Koordination: rekonstruktiv (langsam)

Beispiel: $CaCO_3$-Umwandlung von Aragonit (Ca neunfach koordiniert) zu Calcit (Ca sechsfach koordiniert)

Änderung in zweiter Koordination: displaziv (schnell)

Beispiel: SiO_2-Umwandlung von Tief-Quarz (trigonal) zu Hoch-Quarz (hexagonal) (◘ Abb. 2.15).

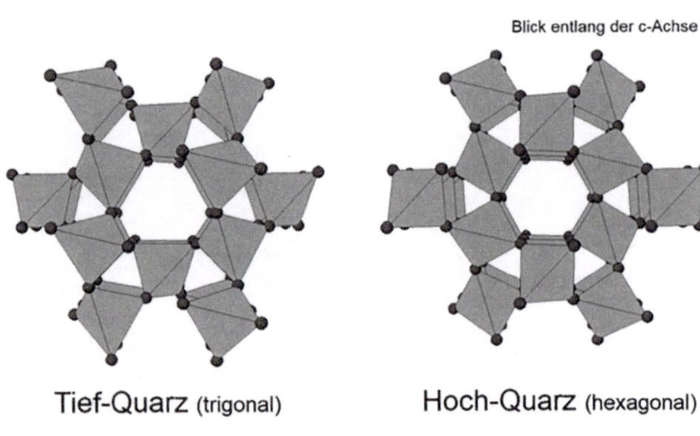

◘ **Abb. 2.15**   Die Kristallstrukturen von Tief-Quarz und Hoch-Quarz im Vergleich. Die $[SiO_4]^{4-}$-Tetraeder sind über Brückensauerstoffe miteinander verbunden

Änderung in zweiter Koordination: rekonstruktiv (langsam)

Beispiel: SiO_2-Umwandlung von Hoch-Quarz (hexagonal) zu Hoch-Tridymit (hexagonal) (◼ Abb. 2.16).

Ordnung/Unordnung

Beispiel: CuAu-Legierungen, Ordnung der Atomverteilung bei tiefen Temperaturen, statistische Verteilung bei hohen Temperaturen.

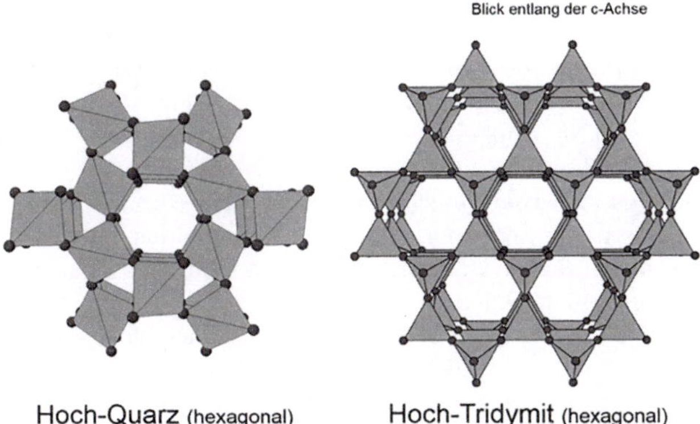

◼ **Abb. 2.16** Die Kristallstrukturen von Hoch-Quarz und Hoch-Tridymit im Vergleich. Die $[SiO_4]^{4-}$-Tetraeder sind über Brückensauerstoffe miteinander verbunden

Änderung des Bindungscharakters

Beispiel: C-Umwandlung von Graphit (kovalente Bindung in den C-Schichten, Van-der-Waals-Bindungen zwischen den Schichten) zu Diamant (Archetyp der kovalenten dreidimensionalen Bindung).

2.21 Material-Mineral-Synthese

Unter dem Begriff „Material" (Verbindung) versteht man eine feste anorganische Substanz. Diese kann kristallin oder glasig sein. Kristalline Aggregate können einkristallin oder polykristallin sein. Einkristalle stellen einen einzigen Kristall mit struktureller Ordnung dar. Diese strukturelle Ordnung ist dreidimensional symmetrisch periodisch geordnet und findet sich in einem sog. Idealkristall. Abweichungen von dieser Ordnung durch Störungen (chemisch oder in der Periodizität) werden in gewissem Maße toleriert. Dies kann bis zu einem parkettierten Kristall führen, der aus vielen Einzelindividuen besteht, die aber noch eine gewisse „Einheitlichkeit" widerspiegeln (Abb. 2.17). Die Grenze zwischen solch einem parkettierten Realkristall und einem Polykristall ist fließend. Grundsätzlich sind Einkristalle chemisch homogen.

Polykristalle bestehen aus unterschiedlichen einkristallinen Individuen mit deutlichem Unterschied in der strukturellen Orientierung. Wenn diese Individuen gleiche Zusammensetzung zeigen, nennt man das Aggregat monomaterialisch (monomineralisch). Besteht das Aggregat aus einkristallinen Individuen unterschiedlicher Zusammensetzung, so nennt man es polymaterialisch (polymineralisch). Die Art und Weise des Zusammenhalts der Individuen, deren relative Größe, Orientierung etc. beschreibt der Begriff des Gefüges.

Ein Material, das in der Natur vorkommt, wird Mineral genannt. Der Mineralbegriff ist aber erweitert, da historisch zu

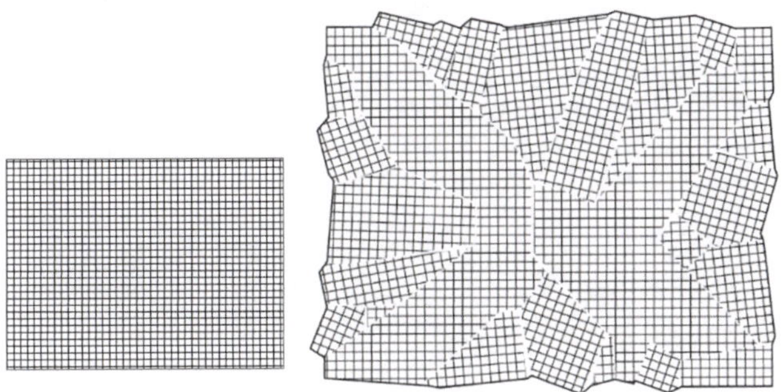

Abb. 2.17   Vergleich von Ideal- (links) zu Realkristall (rechts)

ihm auch Substanzen wie Wasser, Eis, Erdöl, Erdgas, Bitumen (Erdpech), Obsidian (Gesteinsglas), Bernstein, Perlen, Schildpatt, Muschelschalen, Knochen, Gallensteine, Blasensteine etc. gehören.

Technische Produkte besitzen kein natürliches Vorbild. Sie sind im Labor entdeckt und synthetisiert worden.

Synthetische Materialien wurden im Labor hergestellt; es können sowohl Mineralien als auch technische Produkte sein.

Die Begriffe „technisches Produkt" und „synthetisches Material" sind jedoch nicht scharf abgegrenzt und führen daher häufig zu Verwirrungen.

Der Unterschied zwischen Kristall und Glas liegt in der strukturellen Ordnung der Ionen zueinander.

2.22 Kristalliner und glasiger Zustand

Ein Kristall (z. B. SiO_2) besitzt sowohl eine Nah- wie eine Fernordnung. So ist jedes Ion vorhersehbar vom nächsten Nachbarn umgeben (Nahordnung) und aufgrund der Symmetrie vorhersehbar von den weiter entfernten Ionen umgeben (Fernordnung).

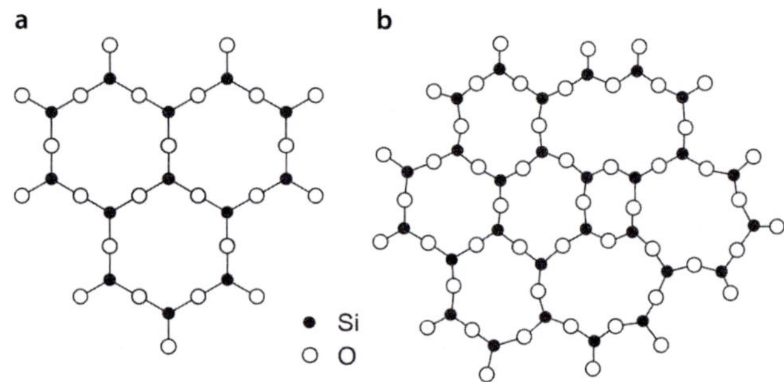

Abb. 2.18   Prinzipielle zweidimensionale Darstellung des Unterschieds zwischen Kristall mit geordneter Struktur **a** und Glas mit ungeordneter Struktur **b** am Beispiel von SiO_2

Im Glas existiert nur eine Nahordnung; aufgrund der nichtsymmetrischen Anordnung der Ionen liegt keine Fernordnung vor (■ Abb. 2.18).

2.23 Systematische Kristallchemie

Die Vielzahl bekannter anorganischer Materialien und Mineralien ist so umfangreich, dass es einer Systematik bedarf. Diese Aufgabe übernimmt die systematische Kristallchemie, die auf Basis kristallchemischer Analogien eine Einordnung der einzelnen Verbindungen vornimmt. Es gibt unterschiedliche Systematiken.

Die aktuellste grundlegende Systematik wurde von Strunz 1941 vorgestellt und wurde seitdem von ihm und verschiedenen Wissenschaftlern weiter fortgeführt. Es existieren aktuell leicht abweichende Systematiken, die im Grunde aber nur unterschiedliche Ordnungskriterien verfolgen.

Mineralphysik/ Materialphysik

© Springer-Verlag GmbH Deutschland, ein Teil von Springer Nature 2020
M. Göbbels, J. Götze und W. Lieber, *Physikalisch-chemische Mineralogie kompakt*, https://doi.org/10.1007/978-3-662-60728-2_3

Physikalische Eigenschaften gliedern sich in:

- **Vektorielle** (richtungsabhängige) Eigenschaften wie Härte, Spaltbarkeit, thermische Ausdehnung oder optische Eigenschaften.
- **Skalare** (richtungsunabhängige) Eigenschaften wie Dichte oder spezifische Wärme.

3.1 Härte

Härte ist der Widerstand, den ein Kristall mechanischer Beanspruchung entgegensetzt. Man unterscheidet verschiedene Härtearten: Ritz-, Sklerometer-, Eindruck- und Schleifhärte nach Rosiwal.

Ritzhärte

Der zu bestimmende Kristall wird mit einem Vergleichsmaterial geritzt (◉ Tab. 3.1).

Das weichere Mineral wird vom härteren geritzt. Minerale bis Härte 2 sind mit dem Fingernagel ritzbar, bis Härte 5 mit dem Messer, und Fensterglas wird von Mineralen mit Härte >6 geritzt. Härteanisotropien der Minerale machen sich bei dieser Methode meist nicht bemerkbar. Eine Ausnahme ist z. B. Disthen mit Härte 4 ∥ c und Härte 6 ⊥ c. Die Härteskala nach Mohs ist eine Skala für die praktische und schnelle Bestimmung im Gelände.

Für die Edelsteinbestimmung werden zusätzliche Zwischengrößen eingeführt (◉ Tab. 3.2).

◘ Tab. 3.1 Die praktische Härteskala nach Mohs

Mineral	Härtegrad
Talk	1
Gibs	2
Calcit	3
Fluorit	4
Apatit	5
Feldspat	6
Quarz	7
Topas	8
Korund	9
Diamant	10

◘ Tab. 3.2 Zwischengrößen zur Edelsteinbestimmung in der Härteskala nach Mohs

Mineral	Härtegrad
Nephrit	6,5
Olivin	6,5–7
Pyrop	7–7,25
Beryll	7,5
Chrysoberyll	8,5
Siliciumcarbid	9,5

Sklerometerhärte

Die zu prüfende Fläche wird unter einer belasteten Stahl- oder Diamantspitze vorbeibewegt. Das Belastungsgewicht, das gerade noch Ritzung erzeugt, ist das Maß für die Ritzhärte.

Diese Methode ist geeignet zur Bestimmung von Härtekurven. Es besteht ein Zusammenhang zwischen Flächensymmetrie und Härtekurve (▣ Abb. 3.1) sowie Ritzhärte und Spaltbarkeit (▣ Abb. 3.2). Die Härtekurve beschreibt die Richtungsabhängigkeit der Härte auf einer Kristallfläche bzw. einer Ebene im Kristall. Die Härtekurve ist in ihrer Symmetrie gleich der Flächensymmetrie.

Eindruckhärte

Ein härterer Körper wird in das zu prüfende Mineral eingedrückt, z. B. Brinell-Härte (Stahlkugel) oder Vickers-Härte (Diamantpyramide; ▣ Abb. 3.3). Bei definierter Belastung kann

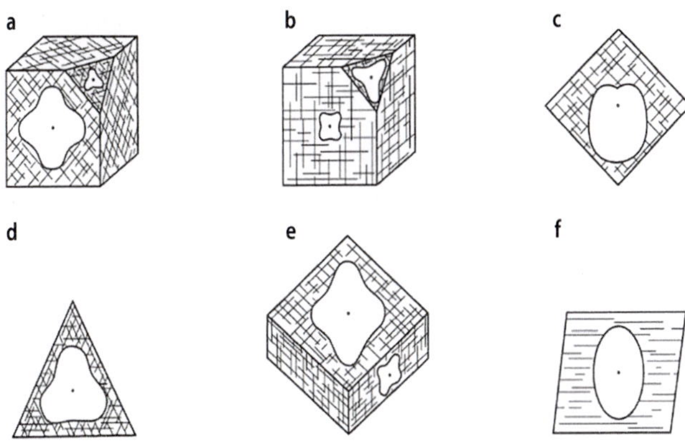

▣ **Abb. 3.1** Ritzhärtekurven, ermittelt mit Sklerometer. **a** Fluorit, **b** Halit, **c** Calcit (auf Spaltrhomboederfläche), **d** Calcit (auf Basisfläche), **e** Baryt, **f** Glimmer (auf (001)-Fläche). Die Richtung der Spaltbarkeit wird durch Striche angedeutet

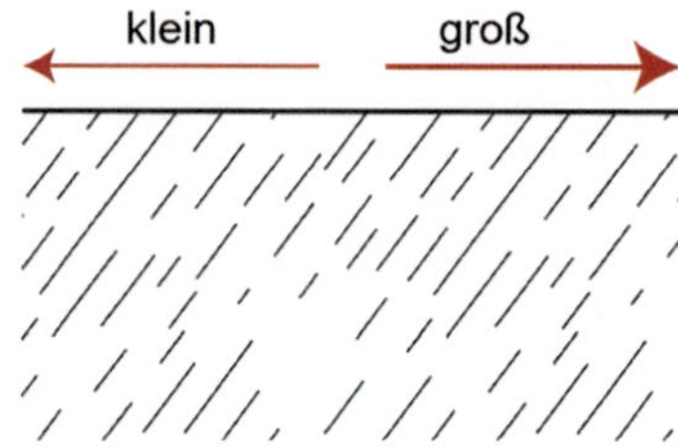

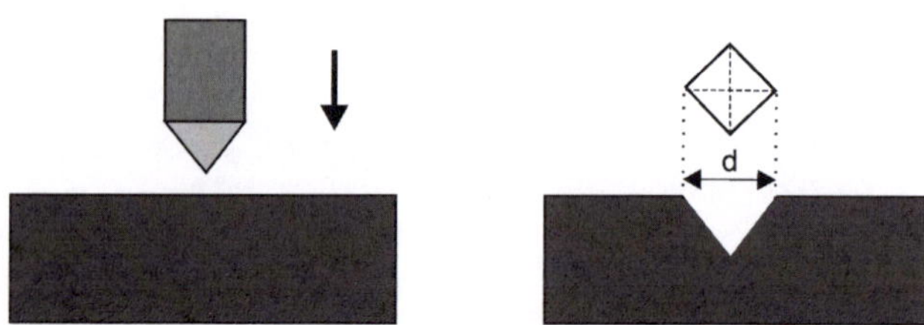

Abb. 3.2   Abhängigkeit der Härte vom Verlauf der Spaltbarkeit

Abb. 3.3   Erzeugung einer Eindruckfigur bei der Bestimmung der Vickers-Härte

anhand der Größe der Eindruckfigur die Eindruckhärte quantifiziert werden. Vergleichbare Methoden zur Bestimmung der Eindruckhärte sind die nach Knoop und nach Rockwell.

Schleifhärte nach Rosiwal

Eine bestimmte Menge von Schleifmittel wird auf dem Mineral bis zur Unwirksamkeit verschliffen. Der Gewichtsverlust ist ein reziprokes Maß der Härte (Quarz = 100). **Tab. 3.3** zeigt den Vergleich verschiedener Härtearten.

◘ Tab. 3.3 Vergleich verschiedener Härtearten

	Ritzhärte nach Mohs	Vickers-Härte [N/mm²]	Schleifhärte nach Rosiwal (Quarz = 100)
Talk	1	20	0,03
Gips	2	350	1,04
Calcit	3	1720	3,75
Fluorit	4	2480	4,17
Apatit	5	6100	5,42
Orthoklas	6	9300	31
Quarz	7	11.200	100
Topas	8	12.500	146
Korund	9	21.000	833
Diamant	10	100.000	117.000

Zusammenhang zwischen Härte und Kristallstruktur

Die Härte ist von der Kristallstruktur abhängig: Je kleiner der Ionenabstand bei gleicher Ladung ist, desto höher ist die Härte (◘ Tab. 3.4).

Bei gleichem Gittertyp und etwa gleichem Ionenabstand steigt die Härte mit zunehmender Ladung (◘ Tab. 3.5).

Bei gleichem Ionenabstand und gleicher Ladung bzw. Wertigkeit steigt die Härte mit der Koordinationszahl. Je größer die Packungsdichte der Ionen ist, desto höher ist die Härte. Dennoch wird auf Flächen parallel zu besonders dicht gepackten Netzebenen nicht die höchste Härte beobachtet, weil solche Ebenen oft gute Spaltebenen sind. Beim Ritzen erfolgt

◘ Tab. 3.4   Zusammenhang von Ionenabstand und Ritzhärte

Substanz	Ionenabstand [Å]	Ritzhärte nach Mohs
MgO Magnesiumoxid	2,10	6,5
CaO Calciumoxid	2,40	4,5
SrO Strontiumoxid	2,57	3,5
BaO Bariumoxid	2,77	3,3
CaO Calciumoxid	2,40	4,5
CaS Calciumsulfid	2,84	4,0
CaSe Calciumselenid	2,96	3,2
CaTe Calciumtellurid	3,17	2,9

nicht nur ein Eindringen in den Kristall, sondern auch eine Verschiebung von Gitterteilen, was parallel zur Fläche guter Spaltbarkeit besonders leicht zu erreichen ist (► Abschn. 3.2). Eine Ausnahme stellt der Diamant aufgrund seiner starken kurzen kovalenten Bindungen dar.

3.2 Spaltbarkeit

Spaltbarkeit ist die Eigenschaft der Kristalle, durch Einwirkung einer gerichteten mechanischen Kraft parallel einer oder mehrerer Ebenen teilbar zu sein. Spaltflächen gehorchen dem Rationalitätsgesetz (► Abschn. 1.3), besitzen niedrige Indizes und liegen parallel zu einfachen möglichen Kristallflächen.

Tab. 3.5 Abhängigkeit der Härte von der Ladung spezifischer Ionen

Substanz	Ionenabstand [Å]	Ionenladung	Ritzhärte nach Mohs
LiF Lithium-fluorid	2,01	1	4,0
MgO Magnesium-oxid	2,10	2	6,5
ScN Scandium-nitrid	2,20	3	7,5
TiC Titan-carbid	2,16	4	8,5

Die Spaltung eines Kristalls bedeutet eine Trennung parallel bestimmter Netzebenen; dabei spalten bevorzugt solche Netzebenen, zwischen denen die Bindekräfte geringer sind als zwischen anderen Netzebenen.

Man unterscheidet zwischen Druckspaltung (mit stumpfer Schneide), Schlagspaltung (Momentankraft mit scharfer Schneide) und Zugspaltung; trotz stets gleicher Spaltflächen sind gewisse Unterschiede erkennbar.

Grade der Spaltbarkeit

Der Grad der Spaltbarkeit kann nicht exakt gemessen werden. Deshalb wird die Qualität verbal oder in Zahlen ausgedrückt (Tab. 3.6).

◘ Tab. 3.6   Grade der Spaltbarkeit

Beschreibung	Grad der Spaltbarkeit
Sehr vollkommen	5
Vollkommen	4
Gut	3
Deutlich	2
Undeutlich/schlecht	1
Keine	0

Für gleiche Flächen ist die Spaltbarkeit gleich, für kristallographisch verschiedene Flächen meist unterschiedlich. Spaltbarkeit ist ein charakteristisches Merkmal und für die Mineraldiagnose wichtig. Auf Kristallflächen sind mitunter Spaltrisse erkennbar, die eine kristallographische Orientierung erlauben.

Schichtgitter (z. B. Schichtsilikate/Phyllosilikate) sind allgemein parallel zu den Schichten vollkommen spaltbar. Graphit ist sehr vollkommen zu Schichten spaltbar, da zwischen den Schichten die schwache Van- der-Waals-Bindung auftritt.

Bei kettenförmiger Anordnung der Gitterbausteine (z. B. Ketten- oder Bandsilikate) verläuft die Spaltbarkeit parallel zu den Ketten bzw. Bändern, also parallel der Netzebene (110); daher ist die Spaltbarkeit bei den Amphibolen (z. B. Hornblende, Bandsilikat) vollkommen, bei den Pyroxenen (z. B. Augit, Kettensilikat) weniger vollkommen.

Bei heteropolarer Bindung muss eine Verschiebung des einen Gitterteils gegenüber dem anderen parallel zur Spaltebene erreicht werden, damit Ionen gleicher Ladung einander gegenüberstehen und sich gegenseitig abstoßen können (◘ Abb. 3.4).

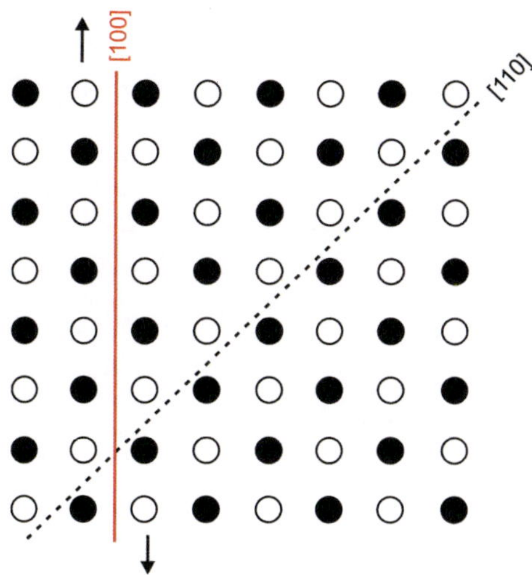

□ Abb. 3.4 Lage der Spaltfläche [100] im Vergleich zur Translations-
ebene [110] in einem Kristall mit Ionengitter vom Typ Halit; Spaltbarkeit
tritt durch Abstoßung gleich geladener Ionen bei Verschiebung entlang
der Netzebene auf

Beispiele für Spaltbarkeit:

Kristallsystem	Mineral	Spaltbarkeit
Kubisch	Galenit	Sehr vollkommen nach (100)
	Halit	Sehr vollkommen nach (100)
	Sylvin	Sehr vollkommen nach (100)
	Diamant	Sehr vollkommen nach (111)
	Fluorit	Sehr vollkommen nach (111)
	Sphalerit	Sehr vollkommen nach (110)

Kristallsystem	Mineral	Spaltbarkeit
Tetragonal	Apophyllit	Vollkommen nach (001)
	Rutil	Gut nach (001)
Hexagonal und rhomboedrisch	Beryll	Vollkommen nach (0001)
	Graphit	Sehr vollkommen nach (0001)
	Calcit	Sehr vollkommen nach (1011)
Ortho-rhombisch	Baryt	Sehr vollkommen nach (001)
		Vollkommen nach (110)
	Coelestin	Sehr vollkommen nach (001)
	Auripigment	Sehr vollkommen nach (010)
	Topas	Gut nach (001)
Monoklin	Glimmer	Sehr vollkommen nach (001)
	Gips	Sehr vollkommen nach (010)
	Wolframit	Vollkommen nach (010)
	Orthoklas	Vollkommen nach (010) und (001)
Triklin	Disthen	Vollkommen nach (100)
	Rhodonit	Gut nach (110)

3.3 Elastische und plastische Deformation

Die Deformation beschreibt die Gestaltänderung eines Körpers durch eine mechanische Einwirkung. Wird nach Beendigung der einwirkenden Kraft die ursprüngliche Form von selbst wieder erreicht, so liegt elastische Deformation vor. Eine plastische Formänderung bleibt dagegen bestehen.

Die elastische Längenänderung infolge von Zug (oder Dehnung) ist bei gleich großem Kraftaufwand für jeden Körper verschieden und abhängig von einer Materialkonstante (Elastizitätsmodul). Für Kristalle sind die Elastizitätsmoduli in verschiedenen Richtungen unterschiedlich. Zeichnet man die Elastizitätswerte als Gerade mit einer dem Wert entsprechenden Länge von einem Mittelpunkt in möglichst viele Richtungen und verbindet alle Endpunkte der Richtgrößen durch eine Fläche, so erhält man den Elastizitätsmodulkörper.

Plastische Formänderungen sind bedeutungsvoll z. B. für die Fließfähigkeit von Eis oder die Verarbeitung von Metallen. Formänderungen sind auf mechanische Translation (Parallelverschiebung) und mechanische Zwillingsbildung zurückzuführen. Beide Vorgänge werden als „Gleitung" zusammengefasst. Bei mechanischer Translation verschieben sich einzelne Gitterpartien entlang von Kristallflächen, die einfache Indizes haben. Translationsflächen sind meist dicht besetzte Netzebenen. Auch Druck- und Schlagfiguren beruhen auf Translation.

Bei der mechanischen Zwillingsbildung (◼ Abb. 3.5) erfolgt ebenfalls eine Verschiebung von Kristallteilen, jedoch geraten beide Teile in eine symmetrische Lage zueinander.

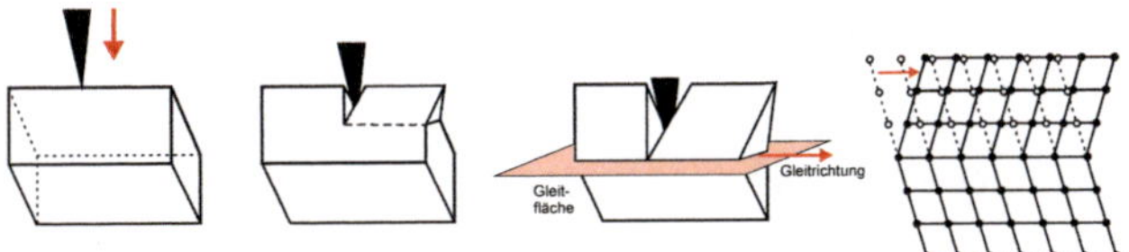

◼ **Abb. 3.5** Mechanische Zwillingsbildung am Calcitkristall. Von links: Ansatz des mechanischen Angriffs, Erzeugung eines Spaltes im Material, Gleitung eines Kristallteils entlang der Gleitfläche zur Bildung der Verzwillingung, prinzipielle Darstellung am Gitter

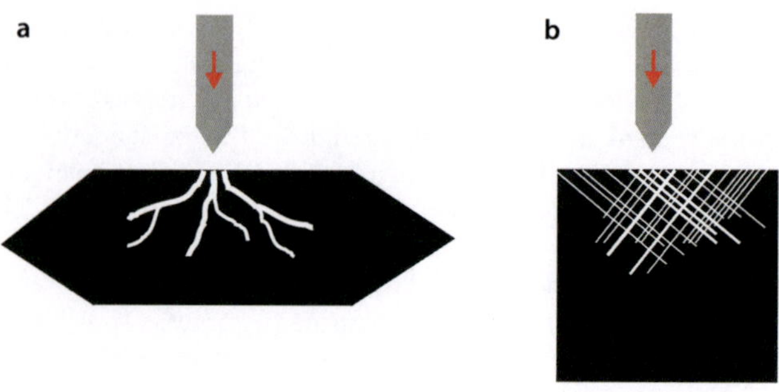

▣ Abb. 3.6   Unterschiedliche Zertrennung eines Kristalls durch Bruch (**a**) und Spaltbarkeit (**b**)

3.4 Bruch

Findet die Trennung eines Kristalls weder entlang einer Spaltfläche noch entlang einer Gleitfläche statt, entsteht ein unebener Bruch (▣ Abb. 3.6), z. B. muschelig bei Quarz, splittrig bei Hornstein und hakig bei Silber.

3.5 Thermische Eigenschaften

Die Ausdehnung durch Wärme und die Wärmeleitfähigkeit ist in verschiedenen Richtungen eines Kristalls unterschiedlich – Kristalle sind anisotrop (▣ Abb. 3.7). Die Ausnahme sind kubische Kristalle, bei denen sowohl die thermische Ausdehnung als auch die Wärmeleitfähigkeit in allen Richtungen gleich sind (isotrop). Beide Eigenschaften sind bei jedem Stoff unterschiedlich, also spezifische Eigenschaften.

Das Wärmeleitvermögen (die Wärmeleitfähigkeit) ist die Wärmemenge, die pro Zeiteinheit durch einen Querschnitt von $1\,\mathrm{cm}^2$ fließt, wenn zwischen zwei Punkten im Abstand von 1 cm

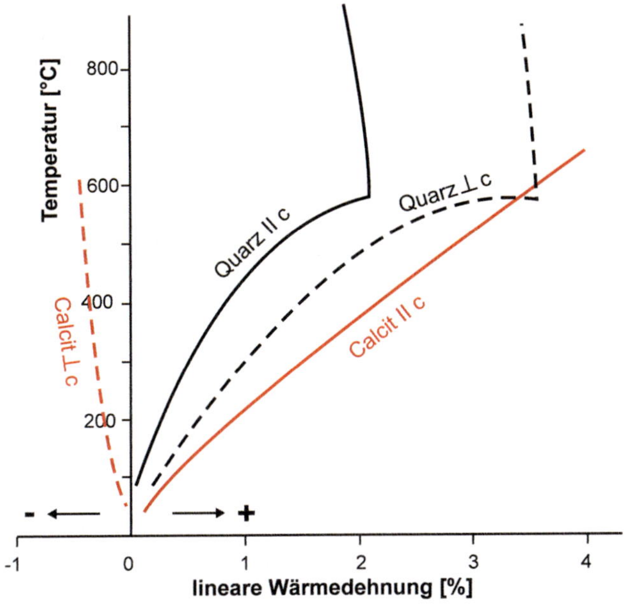

■ **Abb. 3.7** Lineare Wärmedehnung von Calcit und Quarz parallel und senkrecht zur kristallographischen c-Achse

ein Temperaturunterschied von 1 °C herrscht. Metalle sind gute, Nichtmetalle (z. B. Schwefel) schlechte Wärmeleiter. Diamant besitzt bei Raumtemperatur mit 2000 W/(m · K) die höchste Wärmeleitfähigkeit aller bekannten Stoffe.

Die spezifische Wärme ist die Wärmemenge, die zur Erwärmung von 1 g einer Stoffart um 1 °C erforderlich ist. Die Bezugsgröße ist 1 cal zur Erwärmung von 1 g Wasser von 14,5 auf 15,5 °C. Die spezifische Wärme von Kristallen ist stets kleiner als die von Wasser.

Thermische Umwandlungen (Schmelzen, Dissoziation, Phasenumwandlung) sind mit thermischen Effekten verbunden, die entweder exotherm (Reaktion läuft unter Abgabe von Wärme ab) oder endotherm (Verbrauch von Wärme) sind.

3.6 Magnetische Eigenschaften

Atome, Ionen und Moleküle können in einem Magnetfeld aufgrund ihrer unterschiedlichen Elektronenkonfiguration ein magnetisches Moment M (Magnetisierung) erhalten. Dabei besteht zwischen der Magnetisierbarkeit eines Minerals, der magnetischen Suszeptibilität χ, und der Stärke des angelegten magnetischen Feldes H die Beziehung $\chi = M/H$. Nach der Höhe der Suszeptibilität und damit dem Verhalten im magnetischen Feld unterscheidet man diamagnetische, paramagnetische und ferromagnetische Stoffe.

Stoffe mit negativer Suszeptibilität ($\chi < 0$) bezeichnet man als diamagnetisch. Sie haben ursprünglich kein magnetisches Moment. Im Magnetfeld entwickeln sie einen Widerstand, indem sich die induzierten magnetischen Momente senkrecht zu den Feldlinien stellen (■ Abb. 3.8). Das Mineral wird aus dem Magnetfeld hinausgedrängt.

Stoffe mit positiver Suszeptibilität ($\chi > 0$) sind paramagnetisch; sie leiten Kraftlinien gut und richten sich im

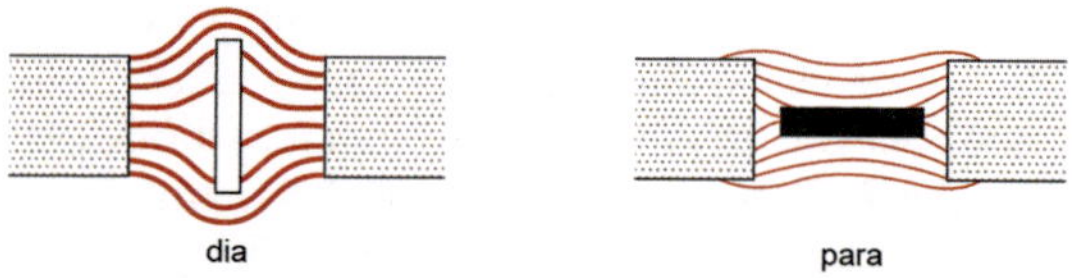

■ **Abb. 3.8**   Prinzipieller Verlauf der Feldlinien eines diamagnetischen (links) und paramagnetischen Stäbchens (rechts) im Magnetfeld

Magnetfeld aus (■ Abb. 3.8). Mit Ausnahme der ferromagnetischen Stoffe sind alle Fe-haltigen Minerale paramagnetisch.

Stoffe besonders hoher Suszeptibilität (z. B. Eisen, Nickel) sind ferromagnetisch. Hier liegen primär bereits Bereiche mit parallelen magnetischen Momenten (sog. Weiss'sche Bezirke) vor, die sich aber wegen ihrer unterschiedlichen Orientierung gegenseitig aufheben. Schon die Einwirkung eines geringen magnetischen Feldes bewirkt die Einregelung dieser Momente, sodass auch ohne weitere Einwirkung eines magnetischen Feldes ein Restmagnetismus (Remanenz) erhalten bleibt. Aus ferromagnetischen Stoffen werden Permanentmagnete hergestellt. Ferromagnetismus tritt nur bei festen Stoffen auf und verschwindet beim Erreichen einer bestimmten Temperatur (Curie-Temperatur).

Der praktische Nachweis von ferromagnetischen Mineralen (z. B. Magnetit) erfolgt durch die Ablenkung einer Magnetnadel. Beispiele für magnetische Suszeptibilitäten sind in ■ Tab. 3.7 aufgelistet.

■ **Tab. 3.7** Beispiele für magnetische Suszeptibilitäten

Magnetischer Charakter	Mineral	Suszeptibilität $\chi \cdot 10^{-6}$
Diamagnetisch	Apatit	−0,46
	Quarz	−0,37 … −0,36
	Fluorit	−0,30 … −0,28
Paramagnetisch	Rutil	2
	Almandin	50 … 124
	Ilmenit	113 … 271
Ferromagnetisch	Pyrrhotin	1500 … 6100
	Magnetit	20.000 … 80.000

Ferrimagnetismus ist eine Abart des Ferromagnetismus bei synthetischen Verbindungen vom Ferrittyp, analog dem Magnetit $\left(Fe^{2+}Fe_2^{3+}O_4\right)$.

Das magnetische Verhalten wird durch den Drehimpuls der Elektronen (sog. Elektronenspin) in den Atomen beeinflusst. Die dem Atom angehörenden Elektronen können sich je nach Ausrichtung des Spins in ihrer Wirkung aufheben oder verstärken. Heben sich die Kräfte auf, ist der Stoff diamagnetisch, verstärken sie sich, ist er para- oder ferromagnetisch (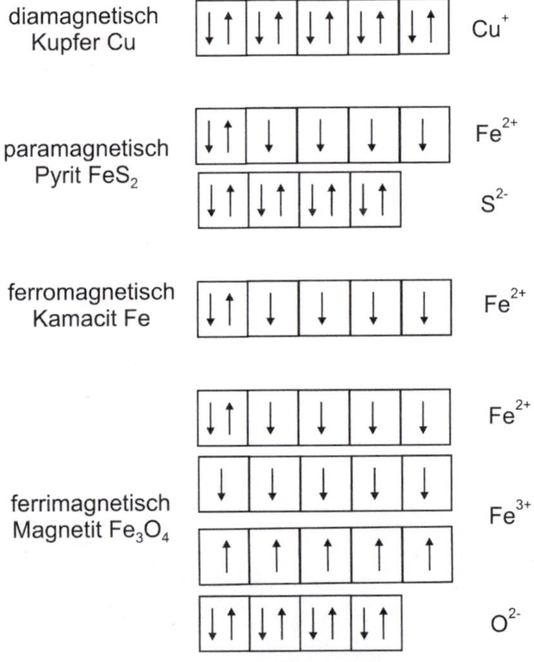 Abb. 3.9). Freie

■ Abb. 3.9 Minerale mit unterschiedlichen Elektronenspinkonfigurationen und entsprechenden magnetischen Eigenschaften

Atome oder Ionen mit aufgefüllten Elektronenbahnen sind diamagnetisch, auch solche mit aufgefüllten Bahnen und zusätzlichen zwei Elektronen, deren Spinmomente einander aufheben. Alle übrigen frei vorliegenden Ionen sind paramagnetisch.

3.7 Elektrische Eigenschaften

Elektrische Leitfähigkeit

Kristalle und Materialien haben unterschiedliche elektrische Leitfähigkeiten. Die Zuordnung von Isolatoren, Halbleitern und Leitern lässt sich schematisch anhand des Fermi'schen Bändermodells erklären (◼ Abb. 3.10). Während sich bei elektrischen Leitern die Energieniveaus von Valenz- und Leitungsband überlappen (z. B. Metalle wie Silber und Kupfer), haben Isolatoren eine große Bandlücke (z. B. Nichtmetalle wie Muskovit oder Quarz). Halbleiter (z. B. Si, Ge) sind elektronenleitende Festkörper, deren spezifischer elektrischer Widerstand über dem der Metalle und unter dem der Isolatoren liegt ($\sim 10^{-4}$ bis 10^{10} Ωcm).

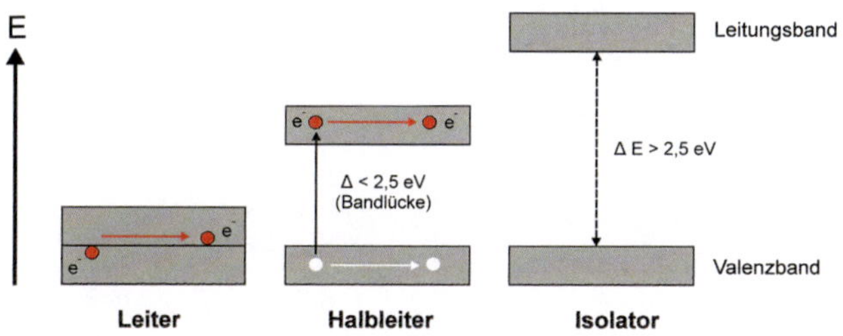

◼ **Abb. 3.10** Fermi'sches Bändermodell für elektrische Leiter, Halbleiter und Isolatoren

Die elektrische Leitfähigkeit beruht auf der freien Beweglichkeit von Ladungsträgern (Elektronen oder Ionen bzw. Defektstellen). In Metallen liegt eine gute Leitfähigkeit durch frei bewegliche Elektronen vor. In Ionengittern sind nur in gestörten Gittern wenige Elektronen oder bewegliche Ionen vorhanden, weshalb die elektrische Leitfähigkeit vergleichsweise schlecht ist. Geschmolzene heteropolare Verbindungen haben eine gute Leitfähigkeit, da die Ionen dann frei beweglich sind.

In Halbleitern mit einer schmalen Bandlücke (<2,5 eV) entsteht elektrische Leitfähigkeit, indem Elektronen durch Energieanregung (z. B. thermisch, optisch) vom Valenz- in das Leitungsband gehoben werden, sodass auf diese Weise positive Löcher (Defektelektronen) im Valenzband entstehen. Werden Elektronen und Defektelektronen vom Grundgitter allein geliefert, spricht man von Eigenleitung. Störstellenleitung liegt vor, wenn aufgrund von Dotierungen und Fehlstellen Störzentren erzeugt werden, die Elektronen an das Leitungsband abgeben (Donatoren) oder aus dem Valenzband aufnehmen (Akzeptoren; ◘ Abb. 3.11). Bei Überschuss von Elektronen als

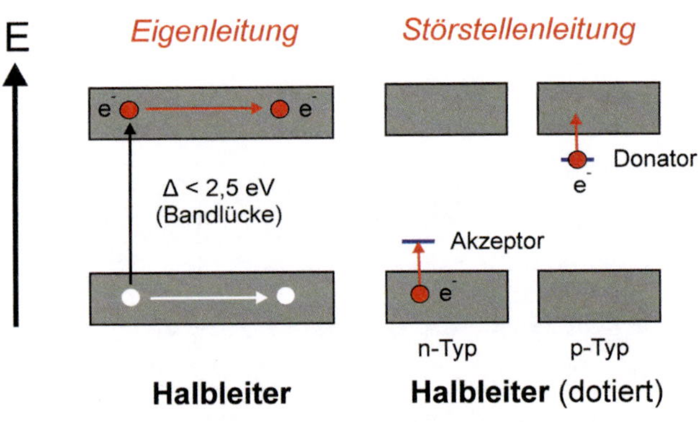

◘ **Abb. 3.11** Verschiedene Leitungszustände in Halbleitern

Ladungsträger spricht man von n-Leitung, bei Überschuss an Defektelektronen von p-Leitung.

Als Supraleiter werden alle Stoffe bezeichnet, die bei einer definierten Temperatur (sog. Sprungtemperatur) ihren elektrischen Widerstand verlieren und somit in einen supraleitenden Zustand übergehen. Erklärt wird dieser Effekt durch die Kopplung zwischen Elektronen und Gitterschwingungen (Phononen), die zur Paarung der Elektronen (sog. Cooper-Paare) und damit zur Überwindung der Abstoßung zwischen Elektronen führt. Die Sprungtemperatur ist für jeden Supraleiter unterschiedlich und somit eine charakteristische Größe (z. B. Ge: 4,85–5,4 K; Si: 7,9 K). Bei höheren Sprungtemperaturen spricht man von Hochtemperatur-Supraleitern (z. B. $YBa_2Cu_3O_7$: 92 K).

Dielektrizität und Ferroelektrizität

Dielektrizität beschreibt die Entstehung elektrischer Dipole in Kristallen und Materialien mit geringer Elektronenleitfähigkeit ($<10^{-8}\ \Omega^{-1}m^{-1}$) durch Elektronen- und/oder Ionenpolarisation im elektrischen Feld. Die feste ionogene oder kovalente Bindung der Elektronen an den Kern verhindert hier einen Ladungstransport durch Elektronenwanderung wie bei Metallen; es erfolgt lediglich eine Ladungsverschiebung, die zu einer Polarisation und damit zur Entstehung eines elektrischen Dipolmoments führt.

Die Dielektrizitätskonstante ε kennzeichnet das dielektrische Verhalten von Nichtleitern im elektrischen Feld. Die Dielektrizitätskonstante kann in Abhängigkeit von Zusammensetzung und Struktur der Verbindungen eine große Schwankungsbreite erreichen und zeigt oft eine starke Richtungsabhängigkeit.

Beispiele: Quarz $\ \varepsilon_{\|c}\ 5,06$ Rutil $\ \varepsilon_{\|c}\ 173,0$

$\varepsilon_{\perp c}\ 4,69$ $\varepsilon_{\perp c}\ 89,0$

Die Polarisierbarkeit α eines Stoffes ist mit der Dielektrizitäts-konstante ε über die Beziehung $\varepsilon = 1 + 4\pi\alpha$ verknüpft.

Ferroelektrische Stoffe sind dadurch gekennzeichnet, dass unterhalb einer bestimmten Temperatur (Curie-Temperatur T_C) eine spontane Polarisation auftreten kann. Durch die Verschiebung geladener Ionen kommt es zur Ausbildung von Dipolen, wobei die Dipolmomente mehrerer Zellen im Mikrobereich gekoppelt sein können. Mikrodomänen gleicher Polarisation werden auch als Weiss-Domänen bezeichnet. Oberhalb der Curie-Temperatur tritt ein Verlust der spontanen Polarisation (und damit der Ferroelektrizität) auf.

Ferroelektrizität kommt nur in Kristallen vor, in denen die Struktur eine polare Achse zulässt. Ein typisches Beispiel ist Bariumtitanat, welches als tetragonales γ-BaTiO$_3$ unterhalb der Curie-Temperatur von 120 °C ferroelektrisch ist, während das kubische β-BaTiO$_3$ oberhalb von 120 °C dielektrische Eigenschaften aufweist. Die Umwandlung ist außerdem von besonderem Interesse, da hier die Dielektrizitätskonstante einen maximalen Wert aufweist.

Piezoelektrizität und Pyroelektrizität

Piezoelektrizität beschreibt die Änderung der elektrischen Polarisation und das damit verbundene Auftreten einer elektrischen Ladung an Festkörpern bei gerichteter elastischer Verformung. Der piezoelektrische Effekt ist gebunden an Kristalle mit polarer Achse, d. h. ohne Symmetriezentrum (z. B. Quarz, BaTiO$_3$). Durch mechanischen Druck oder Zug in Richtung der polaren kristallografischen Achse bilden sich durch die Verschiebung der Ladungsschwerpunkte (Kationen – Anionen) Dipole innerhalb der Elementarzelle, die in der Summe zu entgegengesetzten Ladungen an den Kristallenden führen (◘ Abb. 3.12). Die Stärke der Ladung ist dem Druck proportional.

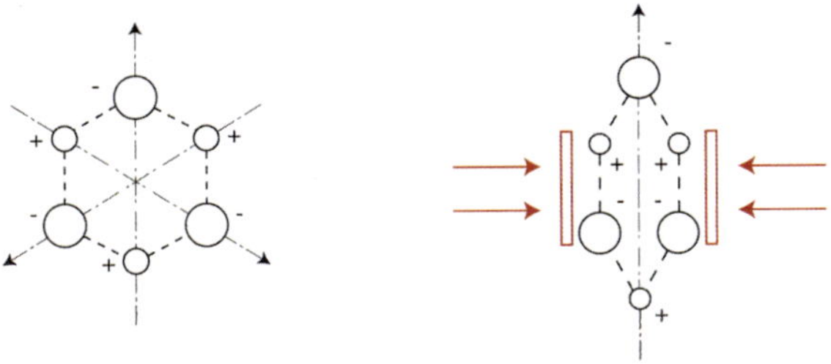

● **Abb. 3.12**   Piezoeffekt

Umgekehrt erzeugt das Anlegen einer elektrischen Spannung eine elastische Verformung des Kristalls. Dieser Effekt wird als Elektrostriktion bezeichnet.

Legt man an eine geeignet orientiert geschnittene Quarzplatte eine Wechselspannung an, so schwingt sie mit der gleichen Frequenz der Spannung. Stimmt diese Frequenz mit der elastischen Grundschwingung des Quarzes oder einer seiner Oberschwingungen überein, dann erfolgt Resonanz: Die Quarzplatte wird zu energiereichen elastischen Schwingungen angeregt (Schwingquarz). Die Frequenz ist äußerst genau definiert. Anwendung von Schwingquarzen: Quarzuhren, Radiotechnik, Ultraschallerzeugung.

Pyroelektrizität ist eine Parallelerscheinung zur Piezoelektrizität: Die Erwärmung gewisser Kristalle (z. B. Turmalin, Skolezit) führt zum ungleichen (polaren) Auftreten elektrischer Ladungen. Beim Abkühlen kehrt sich die Polarität um.

Oberflächenkräfte

Oberflächenkräfte treten vor allem bei sehr kleinen Mineralpartikeln (1–1000 nm) im kolloidalen Bereich auf. Während

Minerale makroskopisch bei stöchiometrischer Zusammensetzung elektrostatisch ausgeglichen und damit elektrisch neutral erscheinen, bewirkt die große spezifische Oberfläche von feinen Partikeln das Auftreten von Oberflächenkräften durch Restladungen. So bildet sich beispielsweise bei Tonmineralen in wässriger Lösung eine 5–15 nm dicke elektrische Doppelschicht aus (Abb. 3.13). Diese Doppelschicht besteht aus einer inneren Hülle von relativ fest gebundenen Kationen und einer zweiten Schicht, die mit zunehmender Entfernung diffuser wird. Das elektrische Potenzial, das sich in der Doppelschicht aufbaut, wird als ζ-Potential (Zeta-Potenzial) bezeichnet.

Entgegengesetzt geladene Ionen oder Kolloide ziehen sich an und können zur Ausflockung führen, während gleichartig geladene Ionen oder Kolloide sich abstoßen. In einem Dispergiermittel (z. B. wässrige Lösung) können gleich geladene kolloidale Partikel stabilisieren und metastabile Mineralgerüste aufbauen (Thixotropie).

Oberflächenkräfte beeinflussen auch die Benetzbarkeit von Materialien, messbar durch den charakteristischen Randwinkel θ (Abb. 3.14). Minerale, die sich gut von Wasser benetzen lassen, bezeichnet man als hydrophil, schlecht mit Wasser benetzbare Phasen als hydrophob.

3.8 Dichte und spezifisches Gewicht

Die Dichte ist eine Konstante jedes Materials und gibt die Masse pro Volumeneinheit in g/cm^3 an. Veränderungen einer Phase unter wechselnden p/T-Bedingungen zu anderen Modifikationen bis hin zur Schmelze verändern die Dichte wesentlich.

Beispiele:

Calcit ($CaCO_3$, trigonal)	$\rho = 2{,}71\ g/cm^3$
Aragonit ($CaCO_3$, rhombisch)	$\rho = 2{,}94\ g/cm^3$

Quarz (kristallin)	$\rho = 2{,}65 \ \text{g/cm}^3$
„Quarz" (geschmolzen)	$\rho = 2{,}25 \ \text{g/cm}^3$

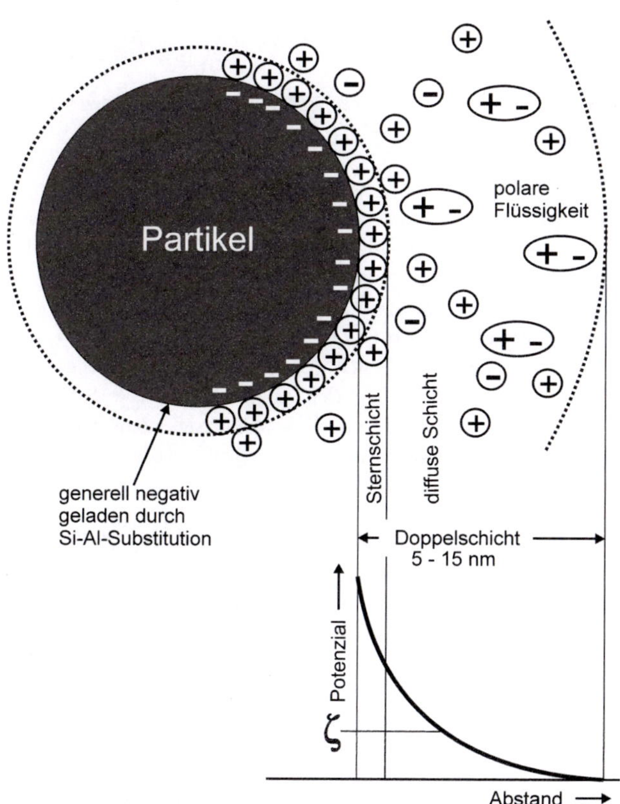

Abb. 3.13 Ausbildung einer Doppelschicht mit elektrischem Potenzial (ζ-Potenzial) um Tonmineralteilchen in wässriger Lösung

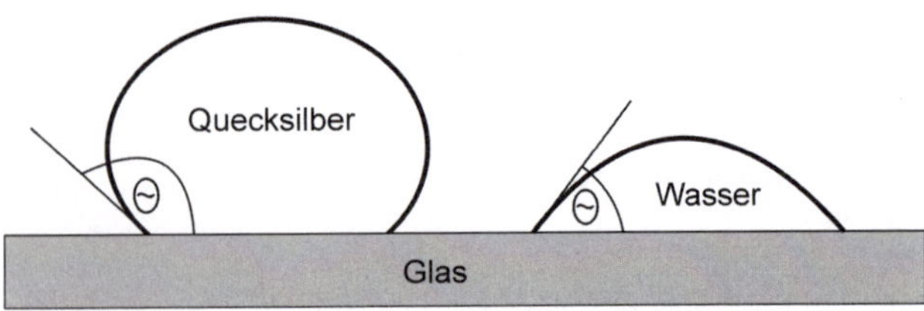

◻ Abb. 3.14   Unterschiedliche Benetzbarkeit (Randwinkel θ) von Glas durch Quecksilber bzw. Wasser

Das spezifische Gewicht (Wichte) ist eine dimensionslose Zahl, die das Verhältnis der Volumeneinheit des Stoffes zum Gewicht der Volumeneinheit von Wasser bei 4 °C beschreibt. Spezifisches Gewicht und Dichte unterscheiden sich nur unwesentlich. Das spezifische Gewicht ist ortsabhängig, da hierbei die Fallbeschleunigung miteinbezogen wird.

Die Ermittlung der Dichte erfolgt mittels hydrostatischer Waage, Pyknometer oder Schwebemethode. Die Schwebemethode beruht auf Vergleich mit Flüssigkeiten bekannter Dichte (Schwereflüssigkeiten) – schwebt der Körper, besitzt er die gleiche Dichte wie die Flüssigkeit.

Beispiele für Schwereflüssigkeiten (Werte in g/cm³):		
Tetrabromethan		2,96
Thoulet'sche Lösung	= wässrige Kaliumquecksilberjodidlösung	3,2
Brauns'sche Lösung	= Methylenjodid	3,32
Rohrbach'sche Lösung	= Bariumquecksilberjodid	3,57
Clerici-Lösung	= Thalliummolat und Thalliumformat	4,2

Die Dichte von Stoffen ist bedingt durch Art und Zahl der Atome, Ionen oder Moleküle pro Volumeneinheit. Die reale Dichte unterscheidet sich meist durch strukturelle Fehler und Verunreinigungen von der theoretischen Röntgendichte (= berechnete Dichte der Elementarzelle).

Dichte ist bedeutsam für die Identifizierung von Mineralen, jedoch wegen der im Kristallgitter eingebauten Fremdatome und Leerstellen nicht konstant für ein und dasselbe Material. Die meisten gesteinsbildenden Minerale haben Dichten zwischen 2 und 4 g/cm^3, sulfidische und oxidische Erze zwischen 4 und 8 g/cm^3 und Metalle zwischen 8 und 22 g/cm^3.

Beispiele in [g/cm^3]:

Ortho-klas	2,56	Sphalerit	4,00	Silber	10,50
Quarz	2,65	Rutil	4,30	Quecksilber	13,55
Calcit	2,72	Chromit	5,10	Gold	19,30
Dolomit	2,90	Hämatit	5,26	Platin	21,50
Biotit	2,98	Galenit	7,57		

Mischkristalle verändern ihre Dichte gesetzmäßig mit der chemischen Variabilität, sodass eine genaue Dichtebestimmung praktisch eine chemische Analyse ersetzen kann.

Beispiel: Mischkristalle der Columbitreihe zwischen Niobit und Tantalit (Coltan)

Ta-Gehalt [%]	Dichte [g/cm^3]
0	5,15
20	5,8
40	6,4
60	7,0
80	7,6

3.9 Optische Eigenschaften (Kristalloptik)

Optische Eigenschaften der Minerale sind wichtig für deren Identifizierung und Charakterisierung. Die Kristalloptik befasst sich mit dem Verhalten von Kristallen (Materialien und Mineralen) gegenüber Licht. Beim Auftreffen von Lichtquanten (Photonen) auf einen Festkörper findet in Abhängigkeit von dessen Beschaffenheit eine Vielzahl von Wechselwirkungen statt wie Transmission, Reflexion, Absorption oder Streuung.

Licht ist eine elektromagnetische Strahlung bestimmter Wellenlänge. Das Licht weist sowohl Teilchen- als auch Wellencharakter auf. Die Korpuskulartheorie erklärt Licht aus Energieumsetzung und zeigt, dass Licht in Form von Lichtquanten (Korpuskeln) auftritt. Die Wellentheorie erklärt Licht mit Ausbreitung in Form von Wellenbewegungen (■ Abb. 3.15).

Lichtgeschwindigkeit c ist das Produkt aus Wellenlänge λ und Schwingungszahl oder Frequenz ν:

$$c = \lambda \cdot \nu$$

Die Lichtgeschwindigkeit beträgt im Vakuum 300.000 km/s, ist in Stoffen jedoch kleiner; je kleiner die Wellenlänge ist, desto größer ist die Frequenz.

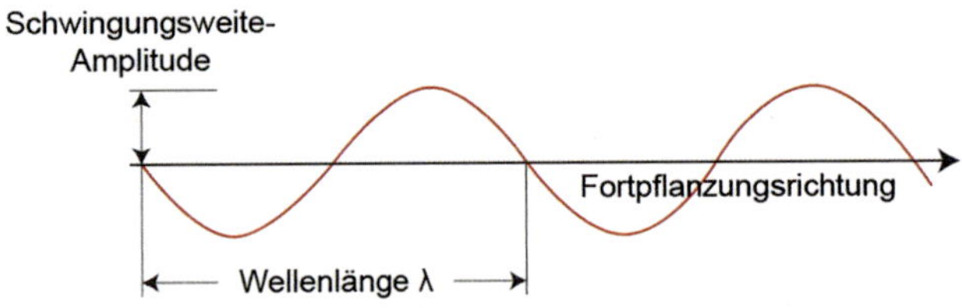

■ Abb. 3.15   Charakterisierung einer Lichtwelle in der Wellentheorie

Lichtbrechung

Fällt ein Lichtstrahl von einem dünneren Medium (z. B. Luft) in dichteres (z. B. Wasser, Kristall), wird er zum Einfallslot hin, im umgekehrten Fall vom Einfallslot weg gebrochen (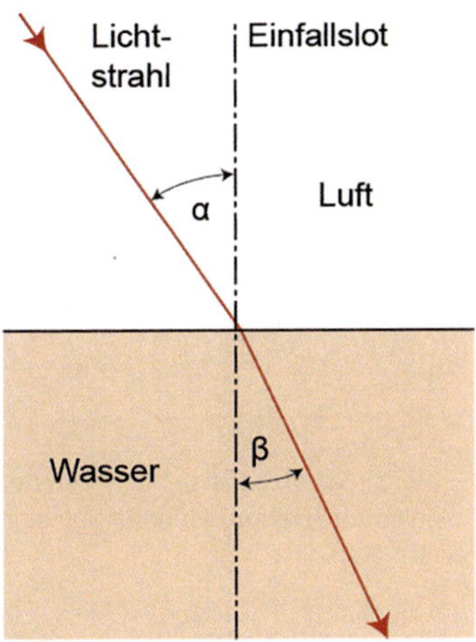 Abb. 3.16 und 3.17). Lichtbrechung ist eine grundlegende Erscheinung an Materialien und verantwortlich für viele optische Eigenschaften.

Entsprechend dem Brechungsgesetz nach Snellius verhält sich die Fortpflanzungsgeschwindigkeit v eines Lichtstrahles

■ Abb. 3.16   Brechung von Lichtstrahlen beim Einfall in Wasser. α = Winkel zum Lot im „dünneren" Medium, β = Winkel zum Lot im „dichteren" Medium

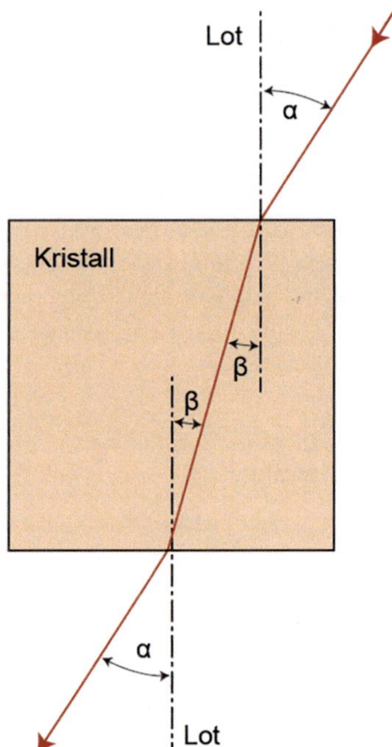

Abb. 3.17   Die Brechung von Lichtstrahlen beim Durchgang durch einen Kristall. α – Winkel zum Lot im „dünneren" Medium, β – Winkel zum Lot im „dichteren" Medium

beim Übergang von einem Medium 1 in ein Medium 2 wie der Sinus des Eintrittswinkels α zum Sinus des Austrittswinkels β:

$$\sin \alpha / \sin \beta = v_1 / v_2 = n_2 / n_1$$

Der Brechungsindex n (Brechzahl) ergibt sich als reziproker Wert der Lichtgeschwindigkeit im durchstrahlten Material bezogen auf die Lichtgeschwindigkeit im Vakuum (für Vakuum und angenähert für Luft ist $n = 1,0$). Der Brechungsindex ist für ein und dasselbe Material charakteristisch und deshalb ein wichtiges Bestimmungsmerkmal.

Beispiele für n:					
Wasser	1,33	Halit	1,54	Sphalerit	2,4
Fluorit	1,43	Almandin	1,8	Diamant	2,4

Diese Zahlen beziehen sich auf gelbes Natriumlicht genau definierter Wellenlänge (D-Linie 589 nm), da der Brechungsindex von der Wellenlänge (Frequenz) des Lichtes abhängig ist. In optisch isotropen Medien (kubischen Kristallen, Glas, Flüssigkeiten) ist n in allen Richtungen gleich.

Eine Bestimmung des Brechungsindex wird direkt über die Bestimmung der Brechungswinkel in Kristallen (Prismenmethode) oder für Feststoffe und Flüssigkeiten mittels Refraktometer (■ Abb. 3.19) durchgeführt. Indirekt kann der Brechungsindex im Vergleich mit Immersionsflüssigkeiten definierter Lichtbrechung erfolgen.

Totalreflexion

Vergrößert man bei Übertritt eines Lichtstrahls vom optisch dichteren zum dünneren Medium (■ Abb. 3.18) den Eintrittswinkel β, so verläuft beim Winkel β_g Strahl 3 streifend entlang der Grenze beider Medien (Grenzwinkel der Totalreflexion). Wird der Eintrittswinkel β noch größer (Strahl 4), kann der Strahl nicht mehr austreten und wird total reflektiert.

Für den Sonderfall 3 gilt:

$$\sin \beta_g = n_1 / n_2,$$

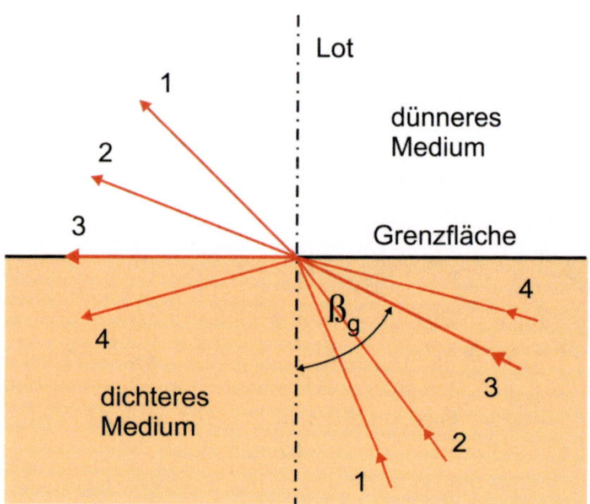

Abb. 3.18   Prinzip der Totalreflexion. Strahl 1 und 2 treten aus dem dichteren Medium aus, Strahl 3 fällt mit dem Grenzwinkel der Totalreflexion auf die Phasengrenze, Strahl 4 reflektiert zurück ins dichtere Medium

wobei n_1 der Brechungsindex des optisch dünneren und n_2 der des optisch dichteren Mediums ist.

Über den Grenzwinkel der Totalreflexion β_g ist die Bestimmung des Brechungsindex n_1 einer unbekannten Substanz mithilfe eines Totalreflektometers (Refraktometer) möglich (**Abb. 3.19**).

Unter Annahme des bekannten Brechungsindex n_2 der Glashalbkugel ist n_1 berechenbar über

$$n_1 = n_2 \cdot \sin \beta_g.$$

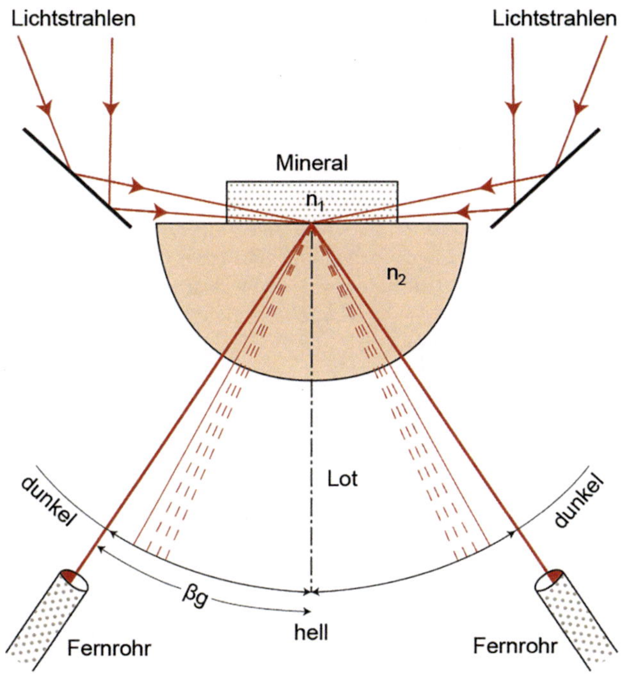

Abb. 3.19　Prinzip des Totalreflektometers

Auf dem Prinzip der Totalreflexion beruht die Abschätzung des Brechungsindex zweier sich berührender Medien, z. B. zweier miteinander verwachsener Mineralkörner unter dem Mikroskop (vgl. Abb. 3.20).

Die Methode von Becke (Becke'sche Lichtlinie)

In einem mikroskopischen Präparat (Dünnschliff) liegen zwei Minerale mit unterschiedlichem Brechungsindex n nebeneinander (■ Abb. 3.20). Strahl 1 und 2 werden zum Teil in dichteres Medium n_2 hinein gebrochen, zum Teil reflektiert. Strahl 3 und 4 werden an der Grenzfläche total reflektiert. Hat man scharf auf C (unterer Bereich des Präparats) eingestellt, so erscheint die helle Becke'sche Linie am linken Begrenzungsrand von n_2; in Zone B (mittlerer Bereich) liegt die helle Linie genau auf der Begrenzung, in Zone A (oberer Bereich) wegen der total reflektierten Strahlen 3 und 4 in n_2.

Die daraus abgeleitete Regel der Mikroskopie lautet: Beim Heben des Tubus (oder Senken des Mikroskoptisches) wandert die helle Linie in das Medium mit höherem Brechungsindex.

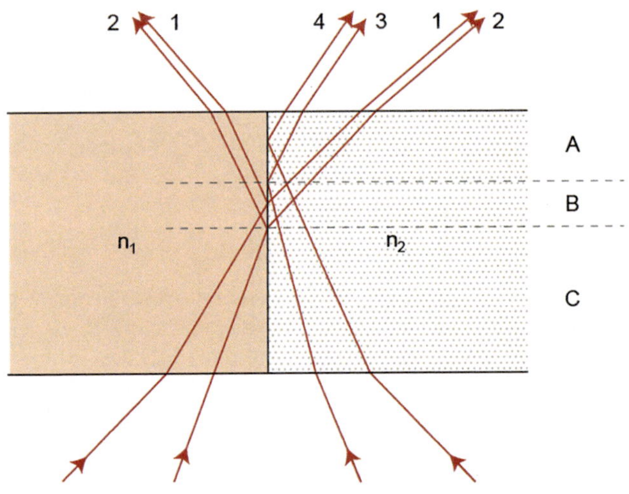

■ Abb. 3.20   Prinzip der Entstehung der Becke'schen Lichtlinie

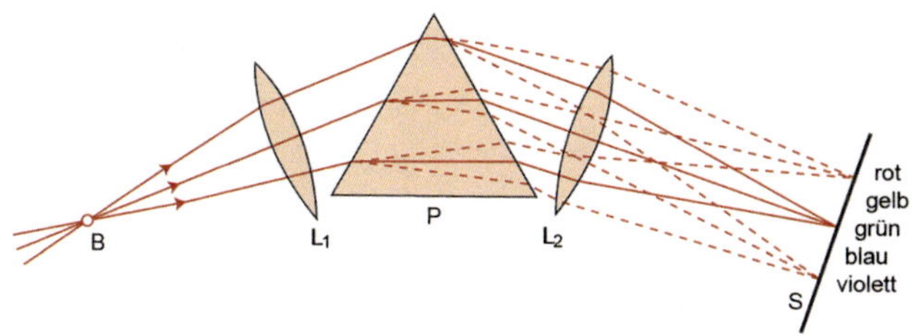

▣ Abb. 3.21　　Effekt der Dispersion durch Zerlegung des weißen Lichtes

Dispersion (Streuung) beschreibt die Zerlegung des weißen Lichtes (Sonnenlicht) in die einzelnen Spektralfarben (▣ Abb. 3.21). Grundlage dafür sind unterschiedliche Brechzahlen für verschiedene Wellenlängen; blaues Licht wird stärker abgelenkt (gebrochen) als rotes.

Die Stärke der Dispersion wird als Differenz zwischen den Brechzahlen der Fraunhofer-Linie B (rot: 687 nm) und G (blau: 431 nm) angegeben.

Beispiele: Edelsteine 0,01–0,028; Quarz 0,013; Diamant 0,044.

Glanz

Der Glanz ist eine wichtige Eigenschaft der Minerale und hängt vor allem von der Lichtbrechung, der Durchsichtigkeit, dem Reflexionsvermögen und der Oberflächenbeschaffenheit ab. Der Glanz sollte immer an einer frischen Oberfläche beurteilt werden. Mit zunehmender Lichtbrechung gliedert sich der Glanz von niedrig nach hoch wie folgt:

– Glasglanz:	$n = 1{,}3{-}1{,}9$ (Beispiele: Quarz, Korund)
– Diamantglanz:	$n = 1{,}9{-}2{,}6$ (Beispiele: Diamant, Sphalerit)
– Halbmetallglanz:	$n = 2{,}6{-}3{,}0$ (Beispiele: Ilmenit, Chromit)
– Metallglanz:	$n \geq 3{,}0$ (Beispiele: Pyrit, Galenit)

Transparente Minerale mit niedriger Lichtbrechung zeigen meist Glasglanz, während hohe Lichtbrechung Diamantglanz hervorruft. Hohe Lichtbrechung gepaart mit hoher Absorption resultiert meist in Metallglanz (z. B. sulfidische und oxidische Erze). Feinfaserige und schuppige Minerale haben oft einen Seidenglanz (z. B. Tigerauge); der Perlmuttglanz tritt oft bei blättrigen Mineralen auf (z. B. Gips, Glimmer).

Transparenz

Die Transparenz eines Materials wird nach dem Grad der Lichtabsorption von normalem Tageslicht in folgende Stufen untergliedert (Abb. 3.22):

- Durchsichtige Minerale mit sehr geringer Lichtabsorption ermöglichen das Lesen einer Schrift. Beispiele: Quarz (als Bergkristall), Calcit (als Isländischer Doppelspat).

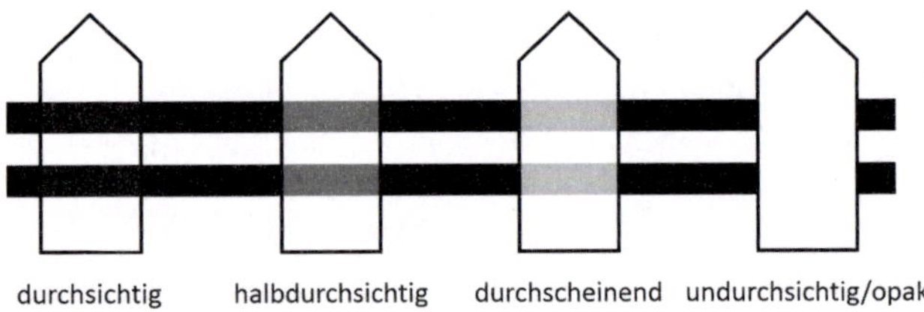

 Abb. 3.22   Transparenz von Mineralen

- Halbdurchsichtige Minerale mit mittlerer Lichtabsorption lassen Gegenstände undeutlich erkennen. Beispiel: Muskovitblättchen.
- Durchscheinende Minerale mit mittlerer bis hoher Lichtabsorption lassen in dünnen Kristallen etwas Licht durchschimmern (kantendurchscheinend).
- Undurchsichtige (opake) Minerale mit sehr hoher Lichtabsorption lassen auch in dünnsten Blättchen kein Licht durch. Beispiele: Galenit, Magnetit.

Reflexionsvermögen

Das Reflexionsvermögen R kennzeichnet das Verhältnis von reflektierter zu einfallender Intensität des Lichtes und wird bei senkrechtem Lichteinfall nach der Fresnel-Gleichung berechnet:

$$R = \frac{\left[(n-1)_2 + (n\kappa)_2\right]}{\left[(n+1)_2 + (n\kappa)_2\right]}$$

Hierbei ist n der Brechungsindex und κ der Absorptionskoeffizient.

Für transparente Kristalle kann der Absorptionskoeffizient vernachlässigt werden, sodass sich die Formel vereinfacht. Reflexionspleochroismus tritt bei anisotropen Metallen/Erzen durch richtungsabhängige Variation des Reflexionsvermögens auf.

Die Auflichtmikroskopie wird zur Untersuchung von undurchsichtigen (opaken) Mineralen (z. B. Erzen, Metallen) im reflektierten Licht angewendet. Die Erzmikroskopie erfordert Anschliff und Politur des Untersuchungsobjekts. Wichtig für die Mineralbestimmung sind Reflexionsvermögen, Farbe und Eindruckhärte.

Doppelbrechung

In anisotropen Kristallen (trigonal, hexagonal, tetragonal, orthorhombisch, monoklin, triklin) wird das einfallende Licht beim Durchgang nicht nur gebrochen, sondern auch in zwei Transversalwellen aufgespalten, die eine unterschiedliche Geschwindigkeit und damit unterschiedliche Lichtbrechung aufweisen. Dieses Phänomen wird Doppelbrechung Δ genannt. Nur kubische und amorphe Materialien sowie Glas sind einfach brechend, also optisch isotrop.

■ **Beispiel für Doppelbrechung**

Fällt ein Lichtstrahl senkrecht auf einen Kristall, wird er in zwei Strahlen zerlegt: Der ordentliche Strahl (o oder ω) passiert geradlinig, der außerordentliche (extraordinäre) Strahl (e oder ε) wird abgelenkt (◙ Abb. 3.23a). Beim schrägen Einfall wird auch der ordentliche Strahl zum Einfallslot hin gebrochen (◙ Abb. 3.23b). Ein durch einen Calcitkristall

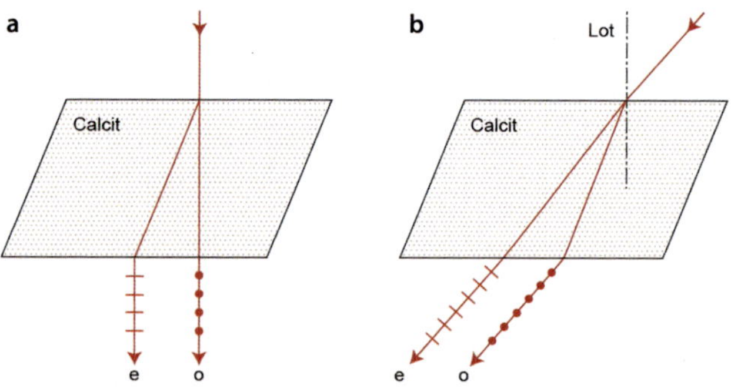

◙ **Abb. 3.23**   Strahlengänge durch Calcitkristalle. Die Schwingungsrichtungen der beiden Strahlen e und o stehen nach Austritt aus dem Kristall senkrecht aufeinander

betrachtetes Bild erscheint doppelt. Die Doppelbrechung bei Calcit (Kalkspat) ist besonders stark, daher werden klare Kristalle oder Spaltstücke Doppelspat genannt (Isländischer Doppelspat wegen Fundort auf Island). Der Brechungsindex von Calcit für den ordentlichen Strahl ist $n_o = 1{,}66$, für den außerordentlichen Strahl beträgt $n_e = 1{,}49$ (dieser Wert ist abhängig von der Einfallsrichtung). Die Ausbreitungsgeschwindigkeit beider Strahlen im Calcit ist unterschiedlich.

Polarisation

Natürliches Licht besteht nicht nur aus einer Schwingung in einer Schwingungsebene, sondern aus Schwingungen in allen Richtungen senkrecht zur Fortpflanzungsrichtung (▫ Abb. 3.24, oben). Daran ändert auch der Durchgang durch isotrope Stoffe nichts. Alle übrigen (anisotropen) Kristalle zeigen nicht nur Doppelbrechung, das Licht ist nach dem Durchgang zudem linear polarisiert, d. h., es schwingt nur noch in einer bestimmten Schwingungsebene (▫ Abb. 3.24, unten).

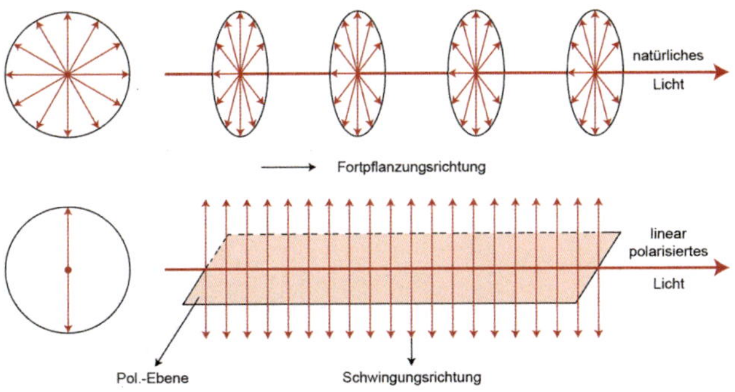

▫ **Abb. 3.24** Schwingungsrichtungen von natürlichem Licht (oben) und linear und polarisiertem Licht (unten)

Doppelbrechung und Polarisation werden durch Wechselwirkungen des Lichtes (elektromagnetische Strahlung) mit Elektronen der Gitterbausteine und deren Anordnung verursacht.

Polarisationsinstrumente (z. B. Polariskop; Abb. 3.25) dienen der Erzeugung von linear polarisiertem Licht. Fällt ein Lichtstrahl unter dem Winkel $\alpha = 57°$ auf „Kronglas" (Glas definierter Zusammensetzung mit $n = 1{,}54$), so bildet der reflektierte Strahl mit dem gebrochenen Strahl einen Winkel von 90°. Beide Strahlen sind linear polarisiert, die Schwingungsrichtungen stehen senkrecht aufeinander.

Es gilt hierfür: $\sin \alpha / \sin \beta = n$ oder $\sin \alpha / \sin (90°-\alpha) = n$ oder $\sin \alpha / \cos \alpha = n$ oder $\tan \alpha = n$.

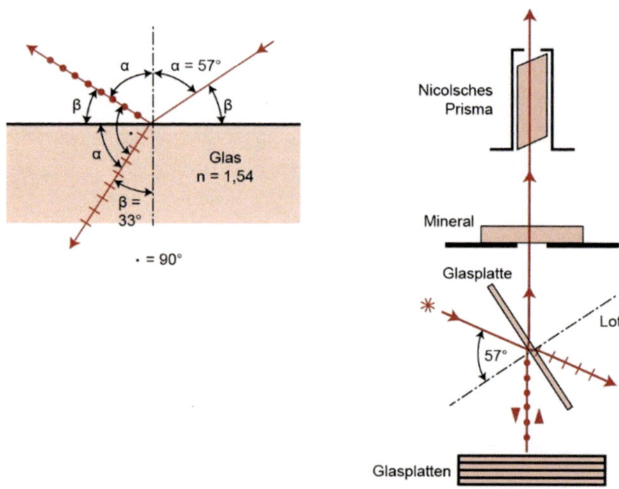 **Abb. 3.25**   Prinzip der Polarisation durch Reflexion (links) und Schema eines Polariskops (rechts)

Gesetz von Brewster

Der Polarisationswinkel α eines Stoffes ist dadurch gegeben, dass reflektierter und gebrochener Strahl aufeinander senkrecht stehen.

Nicol'sches Prisma

Ein klares Spaltstück von Calcit wird an den kleinsten Spaltflächen so abgeschliffen, dass mit der langen Kante ein Winkel von 68° entsteht. Dieses Prisma wird zerschnitten und mit Canada-Balsam ($n = 1{,}537$) wieder zusammengekittet. Ein von unten einfallender Lichtstrahl wird dann in einen ordentlichen ($n_o = 1{,}658$) und außerordentlichen Strahl ($n_e = 1{,}52$) aufgespalten. Bei dieser Einfallsrichtung erreicht n_o einen größeren Wert als bei Einfall senkrecht zur optischen (kristallographischen) Achse. Der Canada-Balsam ist für den ordentlichen Strahl das dünnere Medium. Der Einfallswinkel zum Balsam ist dabei groß, daher folgt eine Totalreflexion. Der ordentliche Strahl wird infolgedessen nach außen abgelenkt und dort von der schwarzen Fassung des Prismas absorbiert. Für den außerordentlichen Strahl e ist der Balsam das dichtere Medium; er geht hindurch und tritt oben aus dem Prisma aus, jetzt linear polarisiert (◘ Abb. 3.26).

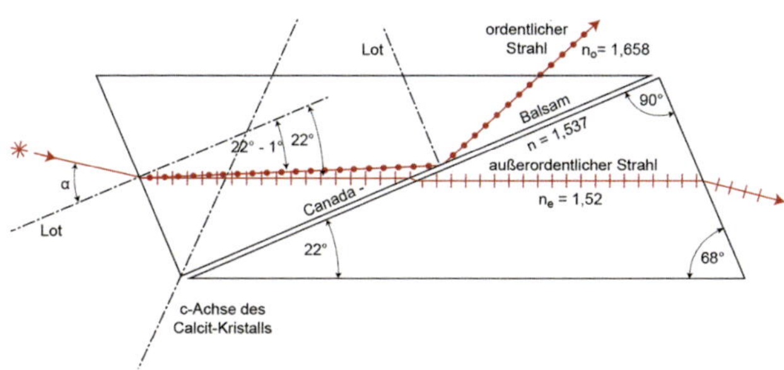

◘ **Abb. 3.26**   Prinzip des Nicol'schen Prismas

Polarisationsmikroskope enthalten zwei Polarisatoren (früher Nicol'sche Prismen, heute Polarisationsfolien). Diese Prismen bzw. Folien sind gegeneinander um 90° gedreht, und zwischen ihnen liegt das zu prüfende Mineral. Der Polarisator unter dem Mineral erzeugt linear polarisiertes Licht, das durch die Mineralplatte fällt. Das obere Prisma ist der Analysator, mit dem das von dem Präparat kommende Licht untersucht wird.

Interferenz

Unter Interferenz versteht man das Zusammenwirken zweier Lichtwellen, die sich gegenseitig verstärken oder schwächen können. Zwei Wellen, die gegeneinander um ½ Wellenlänge verschoben sind (und somit in entgegengesetzter Phase schwingen), löschen sich bei gleicher Schwingungsweite aus (■ Abb. 3.27, oben); bei unterschiedlicher Schwingungsweite ergeben sie eine Resultierende. Zwei um ¼ oder ¾ Wellenlänge gegeneinander verschobene Wellen (Phasenunterschied oder Gangunterschied ¼ λ) verstärken einander mit verschobener Phase (■ Abb. 3.27, Mitte). In gleicher Phase schwingende Wellen oder um eine Wellenlänge gegeneinander verschobene Wellen verstärken maximal bei gleicher Phase (■ Abb. 3.27, unten). Diese Beispiele gelten nur für Wellen, die in derselben Ebene schwingen!

Indikatrix

Die Indikatrix ist ein Modell, das die Geschwindigkeit der Lichtstrahlen in einem Mineral und damit die Größe der Lichtbrechung räumlich darstellt (■ Abb. 3.28). Ihre Ausbildung ist wesentlich von der kristallographischen Symmetrie abhängig. Als optische Achse wird eine Richtung definiert, zu der senkrecht ein Kreisschnitt liegt.

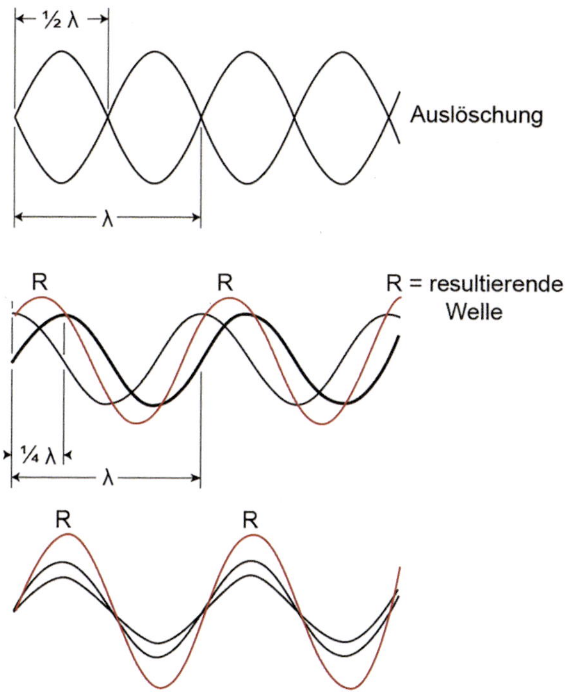

◨ Abb. 3.27   Interferenz von zwei Wellen mit Phasendifferenz von ½ λ (oben), ¼ λ (Mitte) und 1 λ bzw. in gleicher Phase schwingend (unten)

Optisch isotrope Stoffe (kubische Kristalle, amorphe Substanzen, Glas) haben nur einen Brechungsindex, sodass die Indikatrix die Form einer Kugel mit dem Radius n hat (◨ Abb. 3.28a) (unendlich viele optische Achsen).

Anisotrope Minerale (alle nichtkubischen Kristalle) haben in Abhängigkeit von der Richtung unterschiedliche Brechungsindizes. Minerale des tetragonalen, trigonalen und hexagonalen

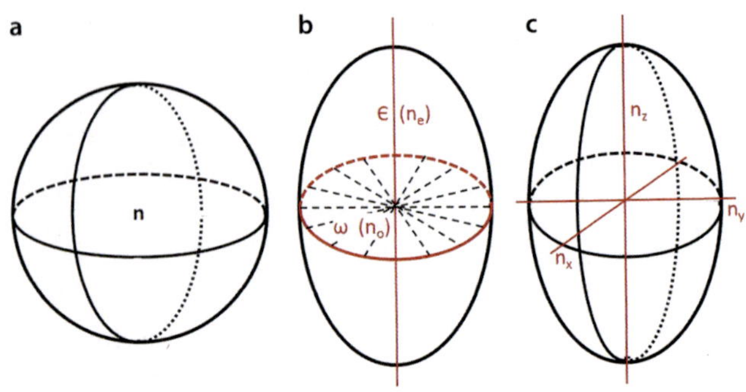

Abb. 3.28   Indikatrixmodelle für die Darstellung der Brechungsindizes der verschiedenen Kristallsysteme. **a** Kugel: n ist in allen Richtungen gleich (kubisch), **b** Rotationsellipsoid: zwei Hauptbrechungsindizes n_e identisch mit der kristallographischen c-Achse und senkrecht dazu n_o im Kreisschnitt (teragonal, hexagonal, trigonal), **c** dreiachsiges Ellipsoid: drei Hauptbrechungsindizes n_x, n_y und n_z, die mit den kristallographischen Achsen zusammenfallen können (orthorhombisch), aber nicht müssen (monoklin, triklin)

Kristallsystems besitzen zwei Hauptbrechungsindizes in Form von n_o und n_e. Bei diesen Mineralen besteht eine strenge Übereinstimmung der kristallographischen und Indikatrixachsen. Die kristallographische c-Achse ist gleichzeitig die sog. optische Achse, und das räumliche Modell der Indikatrix ist ein Rotationsellipsoid mit der optischen Achse als Rotationsachse (**Abb. 3.28b**). Minerale dieser Gruppe werden als optisch einachsig bezeichnet.

Optisch zweiachsige Minerale (orthorhombisch, monoklin, triklin) bilden als Indikatrix ein dreiachsiges Ellipsoid mit den Hauptbrechungsindizes n_x, n_y und n_z als Indikatrixachsen (**Abb. 3.28c**). In einem dreiachsigen Ellipsoid gibt es zwei Kreisschnitte mit optischer Isotropie; senkrecht dazu stehen die beiden optischen Achsen (vgl. **Abb. 3.31**).

Optisch einachsige Kristalle

Tetragonale, hexagonale und trigonale Kristalle bilden als Indikatrix ein Rotationsellipsoid mit n_e als Rotationsachse. Senkrecht zur optischen Achse ist eine kreisförmige Schnittlage (Kreisschnitt), in dem die Lichtbrechung n_o in allen Richtungen gleich groß ist und optische Isotropie erzeugt. In dieser Richtung tritt keine Doppelbrechung und Polarisation auf. Parallel zur optischen Achse ist die Schnittlage (Hauptschnitt) maximaler Doppelbrechung. Die Schnittfläche ist eine Ellipse mit den Achsen n_o und n_e.

Der Charakter der Doppelbrechung bezeichnet die Angabe, ob Kristalle optisch positiv oder optisch negativ sind. Ist die Richtung der größeren Lichtbrechung in Richtung der optischen Achse (n_e), ist der Kristall optisch positiv. Befindet sich die größte Lichtbrechung dagegen in der Kreisschnittebene (n_o), ist der Kristall optisch negativ (◘ Abb. 3.29).

Die Stärke der Doppelbrechung ergibt sich theoretisch aus n_e–n_o, wobei für n_e der Wert eingesetzt ist, der in Richtung der optischen Achse entsteht.

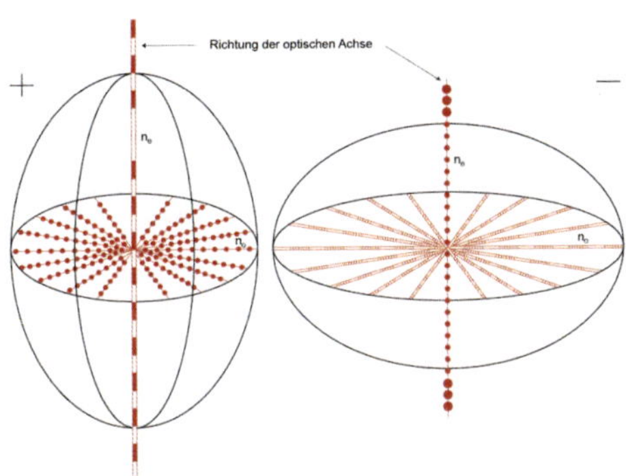

◘ **Abb. 3.29** Indikatrix für optisch positive (links) und negative (rechts) einachsige Kristalle

Beispiel:		
	Quarz	**Calcit**
	$n_e = 1{,}5533$	$n_e = 1{,}4865$
	$n_o = 1{,}5442$	$n_o = 1{,}6584$
Doppelbrechung	$+\Delta = 0{,}0091$	$-\Delta = 0{,}1719$

Für alle Kristallschnitte, die zwischen dem Kreisschnitt ($\Delta = 0$) und dem Hauptschnitt (Δ_{max}) gelegt werden, ergibt sich die Doppelbrechung aus der Differenz der die Schnittellipse aufspannenden Lichtbrechungswerte (◘ Abb. 3.30).

Optisch zweiachsige Kristalle

Orthorhombische, monokline und trikline Kristalle haben zwei Richtungen, in denen weder Doppelbrechung noch Polarisation beobachtet werden, jedoch optische Isotropie (Kreisschnitte). Diese Kristalle sind optisch zweiachsig. Der Lichtstrahl wird in zwei senkrecht zueinander schwingende Strahlen zerlegt (es sei denn, er fällt exakt in Richtung der optischen Achsen ein). Solche Kristalle haben drei verschiedene Brechungsindizes in drei senkrecht aufeinander stehenden Richtungen. Der kleinste Brechungsindex wird mit n_α, der dazwischenliegende mit n_β und der größte mit n_γ bezeichnet, also

$$n_\alpha < n_\beta < n_\gamma.$$

Die Lichtausbreitungsgeschwindigkeit ist dem Brechungsindex umgekehrt proportional und somit für den Strahl n_α am größten und für n_γ am kleinsten.

Die Indikatrix ist ein dreiachsiges Ellipsoid (kein Rotationsellipsoid) mit langer, senkrecht stehender n_γ-Achse, kurzer, von links nach rechts verlaufender n_α-Achse und mittlerer (senkrecht dazu) n_β-Achse (◘ Abb. 3.31). Zwei Kreisschnitte mit Durchmesser des Wertes n_β sind möglich. Darauf stehen senk-

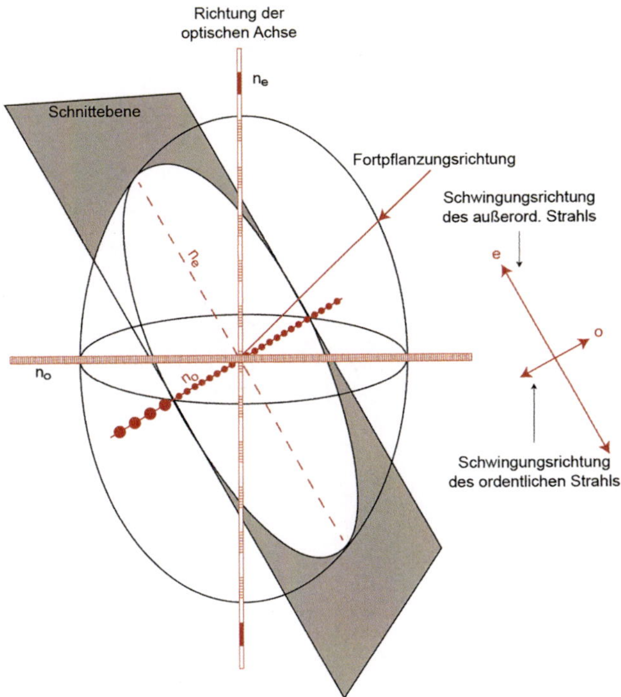

◘ Abb. 3.30   Schnitt durch Indikatrix eines optisch einachsig positiven Kristalls

recht die optischen Achsen. Hauptschnitte sind die drei möglichen Symmetrieebenen der Indikatrix.

Die optischen Achsen bilden miteinander den optischen Achsenwinkel 2V (◘ Abb. 3.32). Ist n_γ die Winkelhalbierende (Mittellinie oder Bisektrix) des spitzen 2V-Winkels, so ist der Kristall optisch positiv. Ist n_γ stumpfe Bisektrix, ist der Kristall

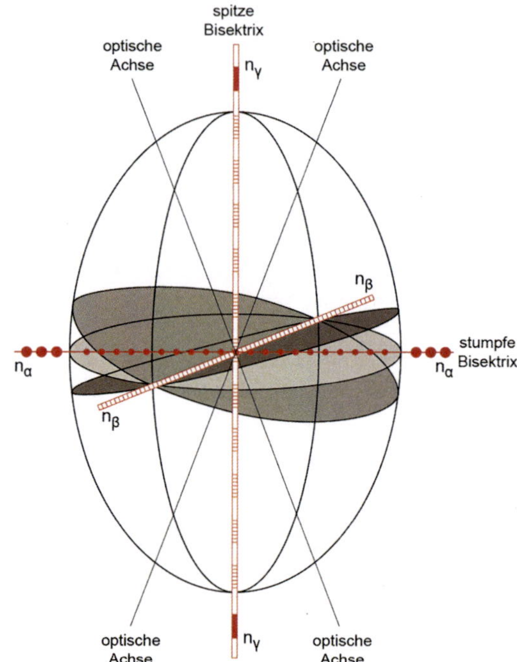

Abb. 3.31   Indikatrix für optisch zweiachsige Kristalle. Mittel-
grau = Kreisschnitte, hellgrau = Hauptschnitt n_α–n_β

optisch negativ. Beide optischen Achsen und die Mittellinien
liegen in einer optischen Achsenebene.

Bei orthorhombischen Kristallen fallen alle drei Achsen der
Indikatrix mit der Richtung der kristallographischen Achsen
zusammen. Bei monoklinen Kristallen fällt eine Indikatrixachse
mit der kristallographischen b-Achse zusammen, bei triklinen
Kristallen weichen die Richtungen aller drei Indikatrixachsen
von denen der kristallographischen Achsen ab.

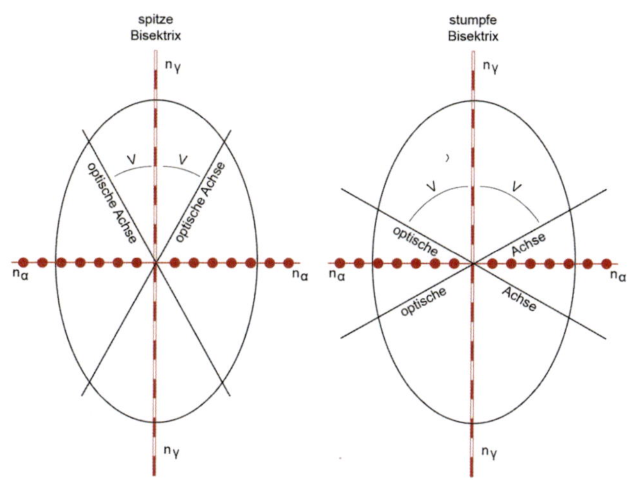

Abb. 3.32 Hauptschnitt entlang der optischen Achsenebene der Indikatrix in einem optisch positiven zweiachsigen Kristall (links) und einem optisch negativen zweiachsigen Kristall (rechts; 2V = Achsenwinkel)

Da violettes Licht stärker gebrochen wird als rotes, variieren die Brechungsindizes je nach Lichtfarbe (Wellenlänge). Die Indikatrix ist also für jede Farbe anders. Auch die Doppelbrechung ist für verschiedene Farben unterschiedlich (Dispersion der Doppelbrechung). Im Allgemeinen werden Brechungsindizes auf gelbes Natriumlicht (D-Linie 589 nm) bezogen.

Da die Brechungsindizes von der Wellenlänge des Lichtes abhängig sind, kann sich die Gestalt der Indikatrix verändern, bei optisch zweiachsigen Kristallen somit auch die Lage der Kreisschnitte sowie der optischen Achsenwinkel 2V. Bei orthorhombischen Kristallen ändert sich mit der Wellenlänge des Lichtes die Dispersion der optischen Achsen. Bei monoklinen

Kristallen verändern sich sowohl 2V als auch die Lage von zwei Hauptschnitten (Lage der Symmetrieebenen der Indikatrix) sowie die Lage der optischen Achsenebene. Bei triklinen Kristallen verändern sich alle drei Hauptschnitte und die Lage der optischen Achsenebene.

Minerale zwischen gekreuzten Polarisatoren

Die Untersuchung von Kristallen und Gesteinen erfolgt im Allgemeinen an Dünnschliffen (planparalleles Plättchen von 30 µm Dicke). Zwei gekreuzte Polarisatoren ohne Präparat löschen das durchgehende Licht völlig aus (◘ Abb. 3.33a). Befindet sich ein optisch isotropes Material zwischen ihnen (amorphe und kubische Minerale, Glas), ändert sich daran nichts; es bleibt bei Betrachtung durch das Polarisationsmikroskop auch bei Drehung um 360° dunkel (◘ Abb. 3.33b).

Anisotrope Kristalle zerlegen den durchgehenden Lichtstrahl in o- und e-Strahlen, die senkrecht zueinander schwingen. Stimmen die Schwingungsrichtungen in der Kristallplatte nicht mit denen der Polarisatoren überein, wird der Strahl entsprechend dem Parallelogramm der Bewegungen zerlegt (◘ Abb. 3.33c und 3.34). Beide Strahlen gelangen zum Analysator, welcher den auf seine Schwingungsrichtung entfallenden Anteil durchlässt. In 45°-Stellung (Diagonalstellung), d. h. Schwingungsrichtung im Kristall um 45° gegen die der Polarisatoren gedreht, herrscht maximale Helligkeit; bei anderen Winkeln nimmt die Helligkeit ab. Stimmt die Schwingungsrichtung im Kristall mit denen der Polarisatoren überein (◘ Abb. 3.33d), wird der in Richtung von P schwingende Anteil vom Analysator nicht durchgelassen, und es tritt die maximale Dunkelheit auf (Auslöschungsstellung).

Bei Drehung des Präparats um 360° tritt bei anisotropen Kristallen viermal maximale Helligkeit und viermal komplette Auslöschung ein. Die Intensität der Helligkeit

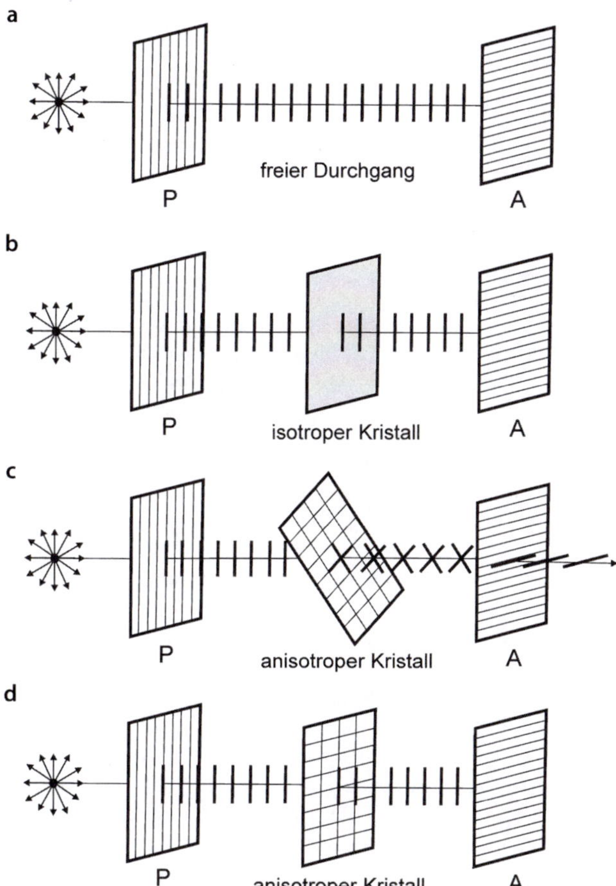

Abb. 3.33 Durchgang von Licht durch zwei Polarisatoren (**a**), eine optisch isotrope Kristallplatte (**b**) und eine optisch anisotrope Kristallplatte bei unterschiedlicher Orientierung (**c, d**)

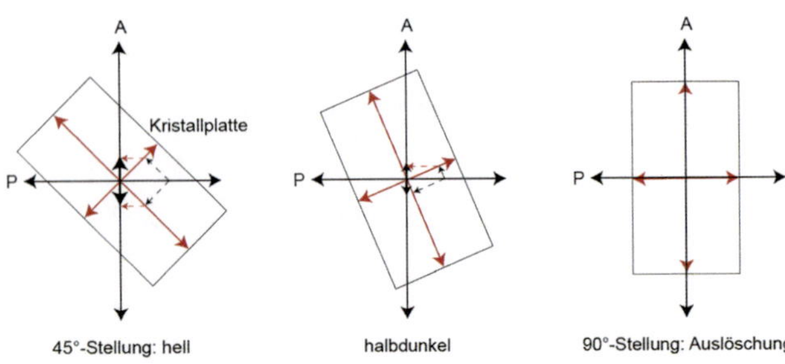

◙ Abb. 3.34 Darstellung einer anisotropen Kristallplatte zwischen gekreuzten Polarisatoren. A, P = Schwingungsrichtungen von Analysator bzw. Polarisator, rot = Schwingungsrichtungen in der Kristallplatte

hängt von der Orientierung der Kristallplatte ab (◙ Abb. 3.34). Die Schwingungsrichtungen in der Kristallplatte sind durch Drehung, bis maximale Auslöschung eintritt, einfach feststellbar.

Beim Lichtdurchgang am Polarisationsmikroskop interferieren die aus der Mineralplatte nach oben austretenden, senkrecht zueinander schwingenden Strahlen o und e noch nicht miteinander (◙ Abb. 3.35). Durch den oberen Polarisator (Nicolsches Prisma = Analysator) wird die e-Welle in eo′ und ee′ zerlegt, die o-Welle in oo′ und oe′. Die Strahlen eo′ und oo′ werden ausgesondert, die außerordentlichen Anteile ee′ und oe′ pflanzen sich fort (◙ Abb. 3.35b). Beide Strahlen schwingen in der gleichen Richtung, können also interferieren. Jeder Teilstrahl hat in der Mineralplatte einen unterschiedlichen Weg zurückgelegt (◙ Abb. 3.35a) und besitzt eine andere Fortpflanzungsgeschwindigkeit. Die Phasenverschiebung (Gangunterschied) zwischen den beiden Wellen ist abhängig von der Dicke der Kristallplatte (d) und der Doppelbrechung (Δ) des Kristallabschnitts ($n_e - n_o$ oder $n_\gamma - n_\alpha$), also folgt

$$\text{Gangunterschied (in nm)} = d \cdot (n_\gamma - n_\alpha).$$

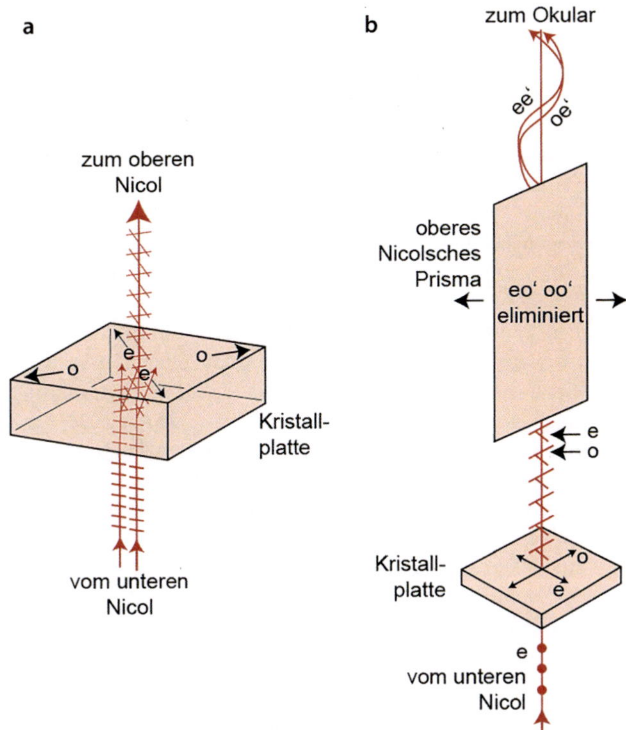

◻ Abb. 3.35 Durchgang von polarisiertem Licht durch eine Kristallplatte. **a** ohne Nicolsches Prisma als Analysator, **b** mit Nicolschem Prisma als Analysator. o = Schwingungsrichtung vom ordentlichen Strahl, e = Schwingungsrichtung vom außerordentlichen Strahl = e

Schnitte senkrecht zur optischen Achse zeigen zwischen gekreuzten Polarisatoren Dunkelheit.

Die bisherigen Beispiele gelten für monochromatisches Licht (Licht einer Wellenlänge). Bei Verwendung von weißem Licht sind zusätzlich zu Helligkeitsunterschieden auch Interferenzfarben zu beobachten.

Für jede beliebige Wellenlänge des weißen Lichtes kann eine Bedingung für eine Auslöschung gegeben sein, d. h., Wellen schwingen in entgegengesetzter Phase nach Durchgang durch den Analysator. Für andere Farbanteile (Wellenlänge) sind die zwei Wellen so gegeneinander verschoben, dass sie dann in gleicher Phase schwingen und sich verstärken (◙ Abb. 3.27). Demzufolge werden aus dem weißen Licht eine oder mehrere Farben eliminiert, andere verstärkt; der Kristall erscheint farbig.

Bei einer keilförmigen Kristallplatte (◙ Abb. 3.36) mit Schwingungsrichtungen parallel der Kanten lässt sich in 45°-Stellung zwischen gekreuzten Polarisatoren infolge stetig zunehmender Dicke ein farbiges Band erkennen. Diese Farben wiederholen sich in verschiedenen Ordnungen (◙ Abb. 3.37).

Eine Durchleuchtung mit monochromatischem Licht erzeugt keine Farben, sondern dunkle Streifen (Auslöschung) bei Gangunterschied 1λ, 2λ, 3λ usw. und helle Streifen bei

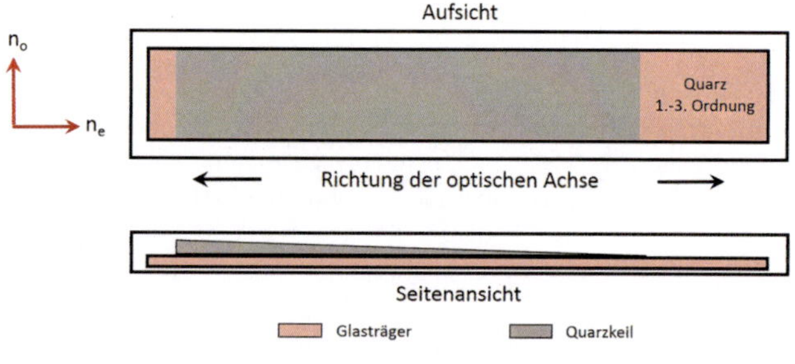

◙ **Abb. 3.36**   Aufbau eines Quarzkeiles

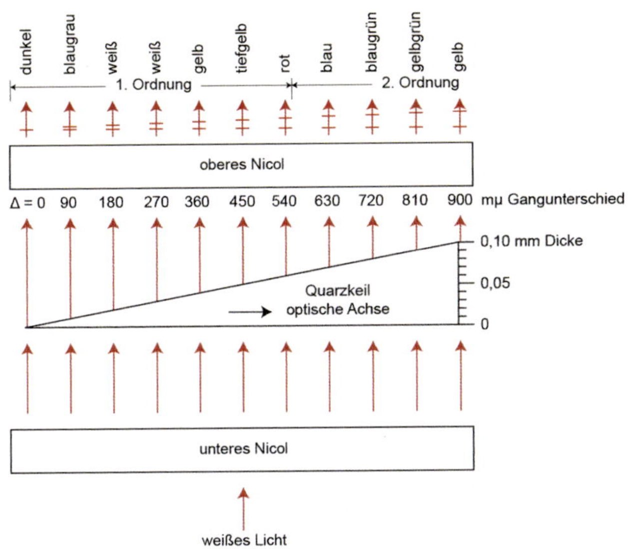

Abb. 3.37 Farberscheinungen bei einem Quarzkeil zwischen gekreuzten Polarisatoren, von weißem Licht durchstrahlt

½ λ, 3/2 λ, 5/2 λ usw. (**Abb. 3.38**) entsprechend der jeweiligen Interferenzbedingungen. Die Lage der dunklen Streifen ist von der Wellenlänge abhängig und daher für jede Farbe etwas anders.

Der Quarzkeil dient zur Bestimmung des optischen Charakters der Doppelbrechung.

Nach der Gleichung:

$$\text{Gangunterschied} = \text{Stärke der Platte} \cdot \text{Doppelbrechung}$$

lässt sich aus zwei bekannten Größen die jeweils Dritte berechnen und ist auch aus der Tafel der Interferenzfarben ablesbar (**Abb. 3.39**). Sind Plattenstärke und Doppelbrechung

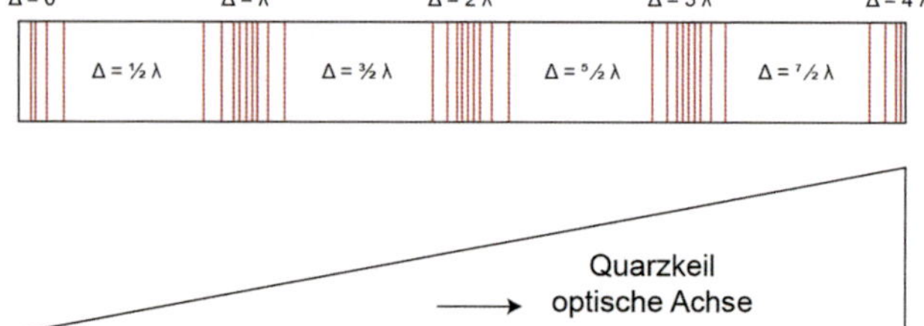

Abb. 3.38   Durchstrahlung eines Quarzkeils mit monochromatischem Licht

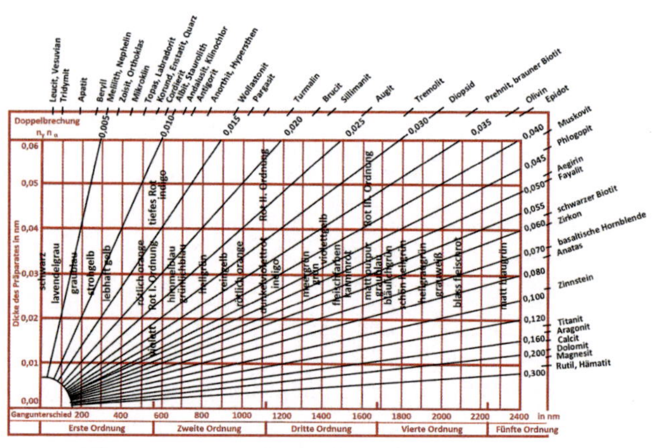

Abb. 3.39   Tafel der Interferenzfarben nach Michel-Lévy

für einen betreffenden Kristallschnitt bekannt, so gibt der Schnittpunkt der schrägen Linie für eine bestimmte Plattendicke den Gangunterschied und die Interferenzfarbe.

■ **Beispiel**

Plattendicke 0,04 mm, Doppelbrechung 0,02; folglich ist der Gangunterschied 800 nm und die Interferenzfarbe hellgrün zweiter Ordnung.

Umgekehrt ist aus Plattendicke und Interferenzfarbe die Doppelbrechung ablesbar.

■ **Beispiel**

Dicke 0,03 mm, Interferenzfarbe Gelb erster Ordnung mit 300 nm Gangunterschied; folglich ist die Doppelbrechung 0,010.

Interferenzfarben ermöglichen die Bestimmung, welche Schwingungsrichtung in der Kristallplatte der langsameren (n_γ) und welche der schnelleren (n_α) entspricht. Dazu orientiert man die Kristallplatte auf maximale Helligkeit zwischen den gekreuzten Polarisatoren (◐ Abb. 3.34, links). Im weißen Licht ist die Interferenzfarbe beobachtbar. Über das Mineral wird ebenfalls in 45°-Stellung ein dünnes Kristallblättchen (sog. Kompensator) geschoben, z. B. Gips (Gipsblättchen mit Rot erster Ordnung = 551 nm), dessen Schwingungsrichtungen für n_γ und n_α bekannt sind. Besteht in der unbekannten Kristallplatte die gleiche Orientierung von n_γ und n_α, so addieren sich die Gangunterschiede (◐ Abb. 3.40a); die Interferenzfarbe steigt. Ist die Orientierung der Schwingungsrichtungen in unbekannter Platte entgegengesetzt (◐ Abb. 3.40b), so subtrahieren sich die Gangunterschiede; die Interferenzfarbe fällt. Dies ermöglicht auch Untersuchungen stark doppelbrechender oder dicker Kristallplatten in gleicher Weise mit Quarzkeil.

Auslöschungsrichtungen

Die maximale Helligkeit zwischen gekreuzten Polarisatoren entsteht, wenn die Schwingungsrichtungen im Kristall in

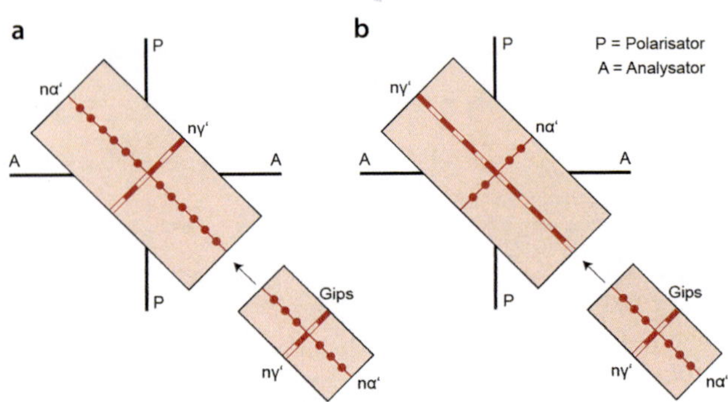

Abb. 3.40 Bestimmung der Schwingungsrichtungen mit Gips-blättchen. **a** Addition = die Interferenzfarbe steigt, **b** Subtraktion = die Interferenzfarbe fällt

45°-Stellung (Diagonalstellung) zu denen der Polarisatoren orientiert sind, die Auslöschung tritt bei 90°-Stellung ein. Je nach Orientierung der Schwingungsrichtungen in der Kristall-platte kann die Auslöschung gerade (■ Abb. 3.41a), schief (■ Abb. 3.41b, c) oder symmetrisch (■ Abb. 3.41d) in Bezug auf kristallographische Merkmale sein.

Die Auslöschungsschiefe ist wichtig zur Identifizierung des Kristallsystems. Kubische Kristalle zeigen stets Dunkel-heit zwischen gekreuzten Polarisatoren (isotrop). Hexa-gonale, trigonale und tetragonale Kristalle zeigen bezüglich der kristallographischen c-Achse und den dazu parallelen Pris-menkanten gerade Auslöschung (■ Abb. 3.41a, d), gegenüber Pyramidenflächen symmetrische Auslöschung (■ Abb. 3.41d). Orthorhombische Kristalle zeigen bezüglich aller Kanten parallel einer kristallographischen Achsenrichtung gerade Aus-löschung (■ Abb. 3.41a). Monokline Kristalle zeigen bezüglich der Kanten parallel der kristallographischen b- und c-Richtung gerade (■ Abb. 3.41b, Kante K_2), aber gegenüber allen anderen

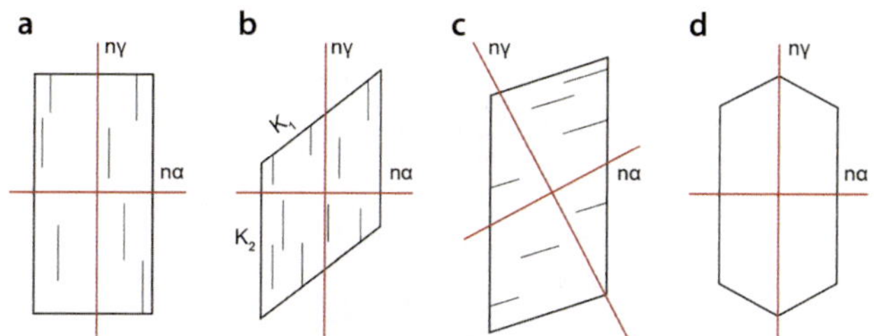

Abb. 3.41   Gerade (**a**, **b**), schiefe (**c**) und symmetrische Auslöschung (**d**) zwischen gekreuzten Polarisatoren

Kanten schiefe Auslöschung (■ Abb. 3.41b, Kante K_1). Trikline Kristalle zeigen gegenüber allen Kanten schiefe Auslöschung (■ Abb. 3.41c).

Konoskopischer Strahlengang

Zur Erzeugung eines konoskopischen Strahlengangs wird nach dem Analysator eine weitere Linse (Amici-Bertrand-Linse) eingeschoben. Da die Weglänge der Strahlen je nach Neigung zum Kristall etwas verschieden ist, sind typische Interferenzerscheinungen zu beobachten.

Optisch einachsige Kristalle zeigen bei einem Schnitt senkrecht zur optischen Achse im monochromatischen Licht ein dunkles Kreuz als System heller und dunkler Ringe. Helligkeit zeigen die 45°-Positionen, das dunkle Kreuz zeigt Auslöschung in 90°-Position (Schwingungsrichtungen von Polarisator und Analysator) (■ Abb. 3.42). Im Zentrum ist der Ausstich der optischen Achse mit Doppelbrechung = 0 (einzige Richtung, in der der Kristall genau senkrecht durchstrahlt wird). Die Ringe entsprechen den Richtungen gleichen Gangunterschieds.

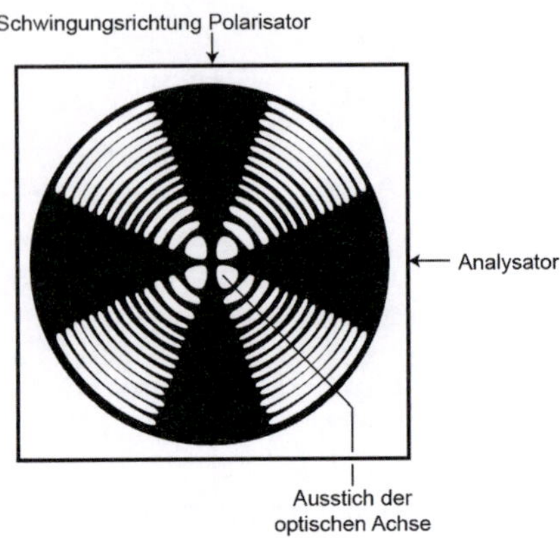

◙ Abb. 3.42   Achsenbild (konoskopisches Bild) eines optisch ein-achsigen Kristalls in Schnittlage senkrecht zur optischen Achse

Bei Anwendung von weißem Licht treten zusätzliche Interferenzfarben auf, die ähnlich den Farben des Quarzkeils in ihrer Ordnung von innen nach außen ansteigen (Ringe gleicher Farbe = Isochromaten). Liegt der Schnitt nicht genau senkrecht zur optischen Achse, so wird nur ein Teil des dunklen Kreuzes beobachtet.

Optisch zweiachsige Kristalle zeigen beim Schnitt senkrecht zur spitzen Bisektrix ein Achsenbild mit Ausstich beider optischer Achsen (◙ Abb. 3.43). Schnitte senkrecht zu einer der beiden optischen Achsen ergeben Achsenbilder wie in ◙ Abb. 3.44 dargestellt.

Optische Aktivität

Als optische Aktivität bezeichnet man die Eigenschaft von Substanzen (Kristallen und Flüssigkeiten), die die

Schnitt senkrecht zur spitzen Bisektrix
Links: 90°-Stellung   Rechts: 45°-Stellung

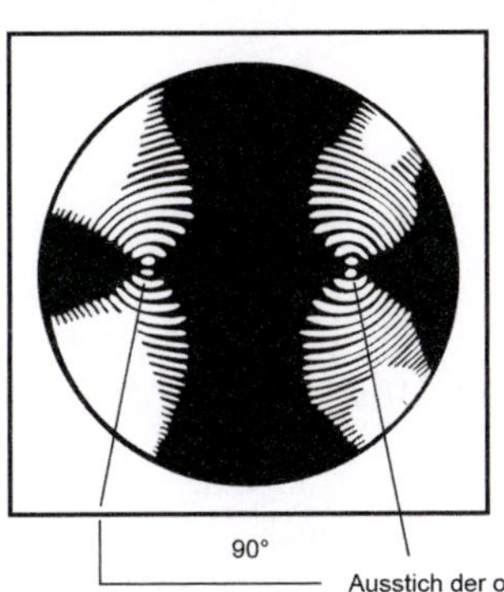
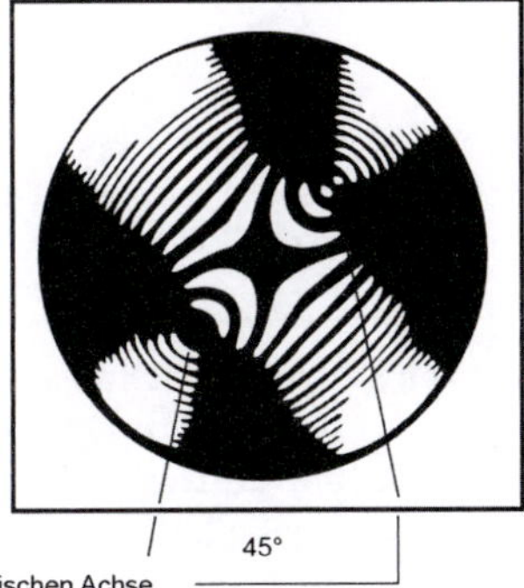

Abb. 3.43   Achsenbilder von optisch zweiachsigen Kristallen in Schnittlage senkrecht zur spitzen Bisektrix

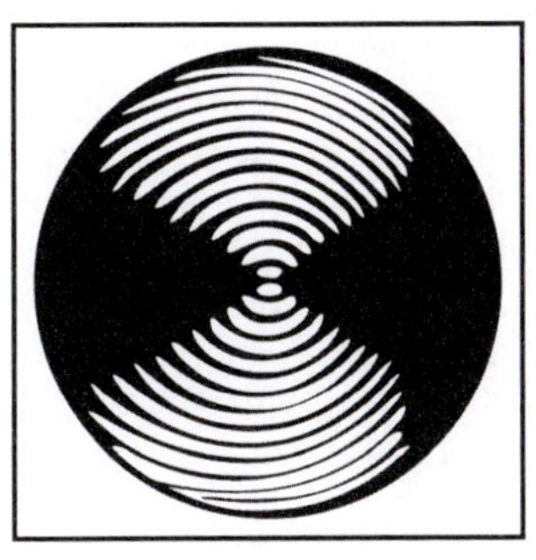
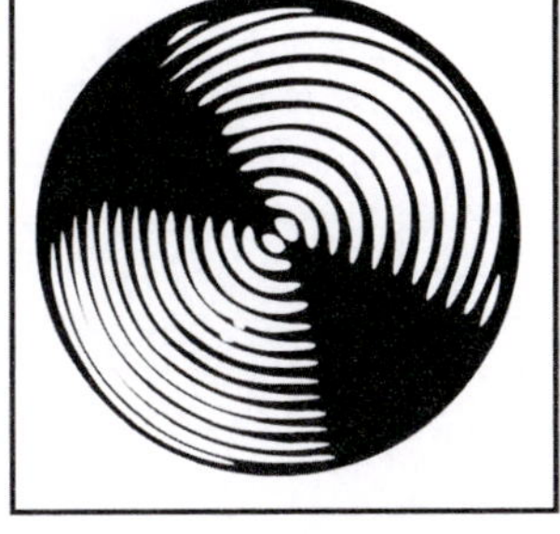

Abb. 3.44   Achsenbilder von optisch zweiachsigen Kristallen in Schnittlage senkrecht zu einer optischen Achse

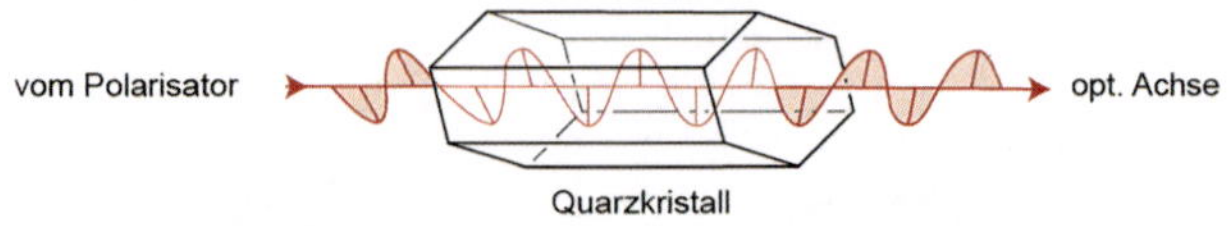

◘ Abb. 3.45   Prinzip der optischen Aktivität durch Drehung der Schwingungsebene von polarisiertem Licht bei Durchgang durch Quarz in Richtung der optischen Achse

Schwingungsebene des polarisierten Lichtes um einen gewissen Betrag zu drehen vermögen (◘ Abb. 3.45). Die optische Aktivität ist bedingt durch den Bau der Moleküle bzw. den Gitterbau von Kristallen und ist deshalb materialspezifisch.

Bei Durchstrahlung einer senkrecht zur optischen Achse geschnittenen Quarzplatte in Richtung der optischen Achse mit parallelem einfarbigem Licht sollte bei gekreuzten Polarisatoren Dunkelheit herrschen. Durch Drehung der Schwingungsebene im Quarz tritt Aufhellung ein; erst eine gewisse Drehung der Quarzplatte bewirkt völlige Auslöschung. Bei Rechtsquarz ist eine Drehung im Uhrzeigersinn, bei Linksquarz eine Drehung entgegengesetzt erforderlich. Im konoskopischen Strahlengang ergibt sich ein Achsenbild ähnlich denen der optisch einachsigen Kristalle, jedoch ist anstelle des Achsenausstichs eine Art Spirale zu beobachten. Der spezifische Drehwinkel ist abhängig von der Wellenlänge und der Dicke des durchstrahlten Kristalls. Der Drehbetrag bei Anwendung von Natriumlicht (589 nm) für eine 1 mm starke Quarzplatte beträgt 21,7° (spezifisches Drehvermögen).

Das spezifische Drehvermögen von Quarz:

Wellenlänge λ(nm) 760,8−589,0−527,0−486,1−430,8−396,8

Drehvermögen (°/mm) 12,70−21,72−27,55−32,77−42,63−51,12

3.10 Farbe

Mineralfarben

Die Farbe der Minerale wird durch die selektive Absorption bestimmter Wellenlängen des Lichtes (bei transparenten Mineralen) und durch selektive Reflexion (bei opaken Mineralen) erzeugt.

Die sichtbare Farbe eines Festkörpers ist auch abhängig vom Spektralbereich des eingehenden Lichtes. Ein roter Kristall, der mit weißem Licht bestrahlt wird, reflektiert nur das rote Licht und absorbiert alle anderen Wellenlängen. Wird er mit blauem Licht bestrahlt, kann er keine Wellenlängen reflektieren und erscheint somit schwarz.

Aufgrund dieser Tatsache zeigen einige Minerale für unterschiedliche Lichtquellen sichtbare Farbwechsel. Alexandrit (Chrysoberyll, $BeAl_2O_4$) erscheint im Sonnenlicht grünblau und im Kunstlicht rotviolett (Alexandrit-Effekt). Die Farbangaben von Mineralen beziehen sich deshalb in der Regel auf weißes Licht (Sonnenlicht).

Eine objektive Farbansprache ist sehr schwierig, da das Farbempfinden subjektiv variiert. Deshalb ist die Farbdarstellung normiert, z. B. durch das CIE-System (CIE = Commission internationale de l'éclairage) (■ Abb. 3.46, ■ Tab. 3.8).

Man unterscheidet farblose (achromatische), eigenfarbige (idiochromatische) und fremdfarbige (allochromatische) Minerale.

Farblose (achromatische) Minerale absorbieren im Idealfall kein Licht und verändern dadurch das durchgehende bzw. reflektierte Licht nicht.

Eigenfarbige (idiochromatische) Minerale (■ Tab. 3.9) enthalten in ihrer Eigenstruktur farbgebende Chromophoren oder Farbträger wie Cu, Cr, Mn, Ti und Ni als Bestandteile. Deshalb haben diese Minerale eine charakteristische (diagnostische) Farbe, die bei der Mineralbestimmung genutzt werden kann. Auch das fein zerriebene Mineralpulver zeigt diese

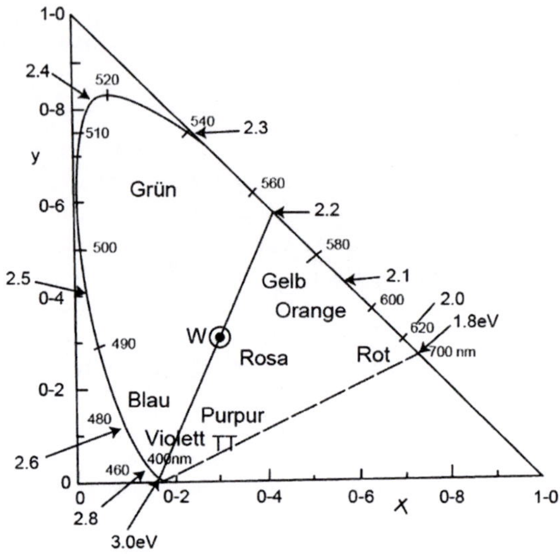

◘ **Abb. 3.46**   Normierte Farbtafel des CIE-Systems mit entsprechenden Wellenlängen (in nm) bzw. Energien (in eV); der Punkt W charakterisiert weißes Tageslicht

◘ **Tab. 3.8**   Aufstellung der Farben im Zusammenhang mit Wellenlänge, Frequenz und Energie

Violett	400 nm	25.000 cm^{-1}	3,10 eV
Blau	450 nm	22.200 cm^{-1}	2,73 eV
Grün	550 nm	18.200 cm^{-1}	2,26 eV
Gelb	600 nm	16.700 cm^{-1}	2,07 eV
Orange	650 nm	15.400 cm^{-1}	1,91 eV
Rot	700 nm	14.300 cm^{-1}	1,77 eV

◘ Tab. 3.9 Beispiele für idiochromatische Minerale

Mineral		Farbe	Farbursache
Azurit	$Cu_3[OH/CO_3]_2$	Blau	Cu^{2+}
Malachit	$Cu_2[(OH)_2/CO_3]$	Grün	Cu^{2+}
Erythrin	$Co_3[AsO_4]_2 \cdot 8H_2O$	Rosa	Co^{2+}
Rodochrosit	$Mn[CO_3]$	Rosa	Mn^{2+}
Almandin	$Fe_3Al_2[SiO_4]_3$	Rot	Fe^{2+}
Schwefel	α-S	Gelb	Energiebänder

charakteristische Farbe (sog. Strichfarbe). Oft weicht die Strichfarbe deutlich von der Farbe des massiven Mineralaggregats ab.

Beispiel: Hämatitkristall stahlgrau, Strichfarbe rot/rotbraun.

Die Farbe in eigentlich farblosen Mineralen kann durch Strukturdefekte (Punktdefekte) im Wirtsmineral entstehen – die Strichfarbe dieser Minerale bleibt weiß.

Zum einen kann das durch den diadochen Einbau von Ionen der Übergangsmetalle oder Seltene-Erden-Ionen in Gitterpositionen realisiert werden, deren Elektronen durch Absorption von Licht farbverursachende Übergänge ausführen (◘ Tab. 3.10). Zum anderen werden in verschiedenen Silikaten und Alkali-/ Erdalkali-Halogeniden Farbzentren gebildet (Elektronen-Loch-Zentren), die durch natürliche radioaktive Strahlung oder künstlich durch hochenergetische Bestrahlung (γ-Strahlung, Elektronen, Röntgenstrahlung) optisch aktiviert werden. Diese Farbzentren zeigen unterschiedliche Stabilitäten und können durch UV-Strahlung (Sonnenlicht) und/oder Tempern bei unterschiedlichen Temperaturen verschwinden – sie sind metastabil.

Durch unterschiedliche Defekte können im gleichen Mineral verschiedene Farben (auch Mischfarben oder Zonierungen) erzeugt werden (z. B. Fluorit CaF_2: farblos, gelb, grün, blaugrün, braun, violett).

▫ Tab. 3.10   Beispiele für idiochromatische Minerale mit diadoch eingebauten Ionen

Mineral		Farbe	Farbursache
Rubin	Al_2O_3	Rot	Cr^{3+}
Saphir	Al_2O_3	Blau	Fe^{2+}/Ti^{4+}
Smaragd	$Al_2Be_3[Si_6O_{18}]$	Grün	Cr^{3+}
Fluorit	CaF_2	Grün	Sm^{2+}
Fluorit	CaF_2	Violett	F-Zentrum
Spinell	$MgAl_2O_4$	Rot	Cr^{3+}

Farbvarietäten werden bei einigen Mineralen durch eigene Namen gekennzeichnet. Während chemisch reiner Korund (Al_2O_3) farblos ist, entsteht durch den Einbau geringer Chromgehalte der rote Rubin oder durch Fe und Ti der blaue Saphir. Bekannt sind auch die Farbvarietäten beim Quarz: Amethyst (violett), Rauchquarz (graubraun), Morion (fast schwarz), Citrin (gelb), Rosenquarz (rosa).

Eine exakte Bestimmung des Absorptionsverhaltens von Mineralen erfolgt durch die Messung von Absorptionsspektren (▫ Abb. 3.47).

Fremdfarbige (allochromatische) Minerale erhalten ihre Farbe durch Einschlüsse von Fremdmineralen, die als Farbpigmente wirken (z. B. Hämatit in rotem Chalcedon). Diese Farbe ist nicht charakteristisch für das Wirtsmineral und kann deshalb nicht für die Diagnose verwendet werden.

Pleochroismus (Dichroismus)

Optisch isotrope Festkörper absorbieren Licht in allen Richtungen gleichartig. Optisch anisotrope Kristalle zeigen

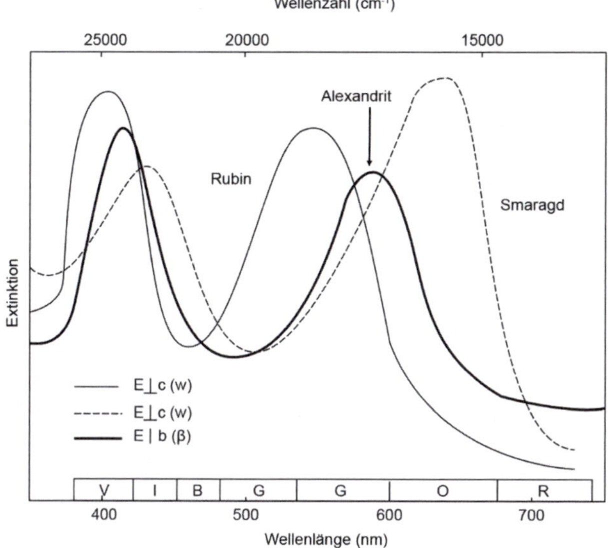

Abb. 3.47   Absorptionsspektren von Rubin, Alexandrit und Smaragd

je nach Lichteinfallsrichtung verschiedene Farben durch variierende Absorption, z. B. Turmalin, Biotit, Cordierit (Dichroit). Makroskopisch ist Pleochroismus selten gut zu erkennen, deshalb werden mikroskopische Untersuchungen im linear polarisierten Licht angewendet.

Die Bestimmung des Pleochroismus erfolgt mit dem Dichroskop. Optisch einachsige Minerale können zwei Farben zeigen, optisch zweiachsige Minerale drei Farben in senkrecht aufeinanderstehenden Richtungen.

Pleochroitische Höfe sind lokale Verfärbungen in Mineralen, die durch Gitterstörungen infolge radioaktiver Strahlung (z. B. um Mikroeinschlüsse) verursacht werden.

Beispiel: Höfe um Zirkone im Glimmer.

Farbeffekte

Farbeffekte in Mineralen (pseudochromatische Minerale) entstehen durch verschiedene optische Effekte wie Lichtbrechung, Reflexion, Beugung Streuung und/oder Interferenz.
    Beispiel: Anlauffarben des Chalkopyrits.

Mit Adularisieren bezeichnet man einen bläulichen Lichtschimmer durch Dispersion und Interferenz des Lichtes an Mikroeinschlüssen (z. B. Albit im K-Feldspat).
    Beispiel: Kalifeldspat (sog. Mondstein).

Mit Asterismus beschreibt man einen sternförmigen Lichteffekt durch netzartig angeordnete faserige Mineraleinschlüsse (z. B. Rutil).
    Beispiele: Saphir, Rubin, Diopsid, Rosenquarz.

Mit Aventurisieren bezeichnet man glänzende Reflexe durch Lichtreflexion an blättchenförmigen Einschlüssen
    Beispiel: Glimmer und Hämatit im Aventurin.

Mit Chatoyieren (Katzenaugeneffekt) benennt man den wechselnden Lichtschein beim Drehen durch Einlagerung feiner Kristallfasern oder Hohlkanäle.
    Beispiel: Quarzvarietäten (sog. Katzenauge oder Tigerauge)

Mit Irisieren beschreibt man die Erzeugung von Regenbogenfarben an Spalten und/oder Rissen in Mineralen oder sog. Anlauffarben durch Oberflächenoxydation.
    Beispiel: Chalkopyrit

Labradorisieren bezeichnet das bunte Farbspiel durch Interferenzerscheinungen an einer feinen Lamellenstruktur im Mineral.
    Beispiel: Labradorit.

Mit Opalisieren bezeichnet man das bunte Farbspiel durch Lichtbrechung/-beugung an Kugelpackungen feinster SiO_2-Sphärolite.
Beispiel: Opal.

Der Tyndall-Effekt begründet sich in der Dispersion des Lichtes an sehr feinen Fasern mit Absorption des roten Lichtes und Reflexion des blauen Anteils.
Beispiel: blauer Chalcedon.

3.11 Lumineszenz

Lumineszenz bezeichnet das physikalische Phänomen von Leuchterscheinungen, die unterhalb der Glühtemperatur eines Stoffes bei Energieanregung auftreten. Erfolgt das Leuchten nur während der Energiezufuhr (Anregung), spricht man von Fluoreszenz; hält das Leuchten nach der Anregung auch noch länger an („Nachleuchten"), nennt man es Phosphoreszenz.

Je nach Art der Energiezufuhr werden verschiedene Arten der Lumineszenz unterschieden:

- Photolumineszenz: Anregung mittels sichtbarem oder UV-Licht
- Röntgenlumineszenz: Aktivierung durch Röntgen- oder γ-Strahlung
- Radiolumineszenz: Anregung mit radioaktiver Strahlung
- Kathodolumineszenz: Anregung mit einem Elektronenstrahl
- Chemolumineszenz: Anregung durch chemische Reaktionen
- Biolumineszenz: Anregung durch biologisch-chemische Prozesse (z. B. Glühwürmchen)
- Tribolumineszenz: Mechanische Einwirkung (Zerreiben, Zerbrechen, Kratzen)
- Thermolumineszenz (thermisch stimulierte Lumineszenz): Temperaturerhöhung
- Elektrolumineszenz: Einwirkung elektrischer Felder (z. B. LED-Leuchten)

Allen Lumineszenzerscheinungen ist gemeinsam, dass Elektronen durch Aufnahme von Energie auf höhere Niveaus angeregt werden, die sie unter Aussendung von Licht (Energieabgabe) wieder verlassen. Die Prozesse der Lumineszenz sind komplex und lassen sich generell in drei Phasen gliedern:

1. Absorption der Anregungsenergie und Stimulation des Systems in einen angeregten Zustand
2. Transformation und Transfer der Anregungsenergie
3. Relaxation des Systems zum Grundzustand oder zu einem Zustand niedrigerer Energie und Emission von Licht (Photonen)

Da ein Teil der eingestrahlten Energie an das Gitter übertragen wird (z. B. Schwingungen, Wärme), ist die Energie der Lumineszenz im Allgemeinen geringer als die Anregungsenergie. Diese Energieverschiebung wird als *Stokes-Shift* bezeichnet.

Die theoretische Erklärung der Lumineszenzprozesse kann über verschiedene Modelle erfolgen. Das Energie-Konfigurationskoordinaten-Diagramm beschreibt Systeme, in denen das angeregte Elektron das Atom oder Molekül nicht verlässt (z. B. Ionen der Übergangsmetalle; ◙ Abb. 3.48a). Hier werden die Energien E möglicher Zustände mit einer Ortskoordinate r dargestellt.

Das Bändermodell beschreibt Elektronenübergänge, bei denen die angeregten Elektronen das Ion verlassen und sich im Gitter bewegen (◙ Abb. 3.48b). Lumineszenzvorgänge werden bei Isolatoren und Halbleitern beobachtet, bei denen Valenz- und Leitungsband durch eine Energielücke (verbotene Zone) voneinander getrennt sind. Elektrische Leiter (z. B. Metalle) lumineszieren nicht, da sich hier die Energieniveaus von Valenz- und Leitungsband überlappen.

Generell kann die Lumineszenz durch optisch aktive Zentren in den Materialien verursacht (intrinsische Lumineszenz) oder durch eingebaute Fremdionen oder Gitterdefekte bedingt sein (extrinsische Lumineszenz). Intrinsische

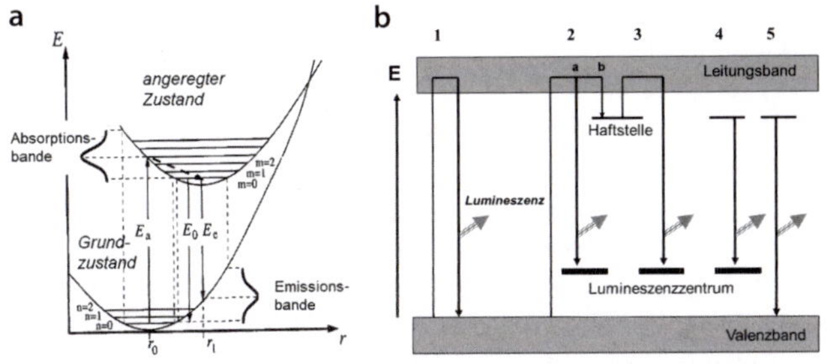

Abb. 3.48 **a** Konfigurationskoordinaten-Diagramm für Elektronen-übergänge mit entsprechender Absorptionsbande mit Anregungs-energie E_a und Emissionsbande der Energie E_e (E_0 = Energiedifferenz zwischen Grund- und angeregtem Niveau); strahlungslose Übergänge sind über den Kreuzungspunkt beider Energieniveaus möglich (z. B. bei höheren Temperaturen). **b** Bändermodell mit Anregungs- und Lumineszenzvorgängen. (1) Übergänge vom Valenz- zum Leitungsband und zurück (intrinsische Lumineszenz); (2) Rekombination mit einem Lumineszenzzentrum (a) oder Einfang des Elektrons in einer Haftstelle (b) und (3) Rekombination mit einem Lumineszenzzentrum nach vorheriger optischer oder thermischer Stimulation; (4) Lumineszenz durch direkte Rekombination mit einem Aktivator (Lumineszenzzentrum) oder dem Valenzband (5)

Lumineszenz ist gekennzeichnet durch eine charakteristische Lumineszenzfarbe, z. B. Blau bei reinem Scheelit ($CaWO_4$) oder Grün bei verschiedenen Uranmineralen, die durch elektronische Übergänge an den struktureigenen $(WO_4)^{2-}$- bzw. $(UO_2)^{2+}$-Gruppen hervorgerufen wird. Extrinsische Lumineszenz ist häufiger und kann durch den diadochen Einbau von Fremdionen unterschiedlicher Übergangsmetalle (z. B. Mn^{2+}, Cr^{3+}, Fe^{3+}), der Seltene-Erden-Elemente ($REE^{2+/3+}$), der Schwermetalle (z. B. Pb^{2+}) oder Gitterdefekte (Elektronen-Loch-Zentren) aktiviert werden.

Bestimmte Faktoren können die Intensität der Lumineszenz verändern oder vollkommen verhindern. Die Anwesenheit verschiedener Fremdionen (sog. Quencher wie z. B. Fe^{2+} oder Co^{2+}) oder eine zu hohe Konzentrationen von Aktivatorionen (*self-quenching* oder *concentration quenching*) können durch Veränderungen der Elektronenübergänge die Lumineszenz verhindern. Dagegen wird durch Energietransfers von bestimmten Ionen (sog. Sensibilisatoren wie z. B. Pb^{2+} im Zusammenspiel mit Mn^{2+}) die Intensität der Lumineszenz erhöht. Ob ein Ion als Aktivator, Sensibilisator oder Quencher wirksam wird, hängt von vielen kristallchemischen Faktoren ab, z. B. von seiner kristallographischen Position im Wirtsgitter, der Konzentration und dem Abstand zu den Nachbarionen (dem sog. Kristallfeld).

Der praktische Einsatz der Lumineszenz umfasst ein weites Feld von der Mineralprospektion über diagnostische Zwecke (z. B. Unterscheidung natürlicher und synthetischer Edelsteine) über den Nachweis von Wachstumszonierungen in Mineralen und Alterationserscheinungen bis hin zur Prüfung der Reinheit von Mineralen und Materialien und dem Nachweis von Defekten. Dabei kann das Lumineszenzsignal sowohl visuell beobachtet werden (Lumineszenzfarben) als auch spektral aufgelöst werden (Lumineszenzspektren). Durch die Detektion der Energien bzw. Wellenlängen der Lumineszenzemissionen können Aussagen zu den vorhandenen Aktivatorionen und/ oder Gitterdefekten gemacht werden.

3.12 Radioaktivität

Unter Radioaktivität versteht man den selbstständigen Zerfall von Atomen. Beim radioaktiven Zerfall der Atome werden im Rahmen einer Zerfallsreihe neue Isotope gebildet, bis schließlich ein inaktives, stabiles Atom entsteht. Radioaktive Prozesse sind damit natürliche Elementumwandlungen. Minerale und

Materialien, die instabile Elemente oder Isotope enthalten (vor allem U, Th) sind radioaktiv und senden α-, β- und γ-Strahlung unterschiedlicher Reichweite aus, die das Mineralgitter ganz oder teilweise zerstören können (z. B. radioaktive Höfe):

- α-Strahlen bestehen aus Heliumkernen mit einer relativen Masse von 4 und je zwei Protonen und Neutronen (Reichweite in Luft x cm, in Mineralen einige Mikrometer bis 1 mm).
- β-Strahlen bestehen aus Elektronen (Reichweite in Luft einige Meter, in der Mineralmatrix x cm bis dm).
- γ-Strahlen sind sehr kurzwellige, energiereiche elektromagnetische Strahlung, die mit dem Geiger-Müller-Zählrohr gemessen werden (Reichweite in Luft bis 300 m, in Mineralen einige Meter).

Radioaktive Minerale ermöglichen oft die Bestimmung des absoluten Alters des Minerals, Gesteins oder Materials. Grundlage der Altersbestimmung ist die Tatsache, dass die Intensität der radioaktiven Strahlung gesetzmäßig abnimmt (Stichwort „Zerfallsgesetz"). Die Zeit, in der die Strahlungsintensität auf den halben Wert abgesunken ist, heißt Halbwertszeit. Diese Zeit unterscheidet sich für jedes radioaktive Isotop und ist deshalb eine charakteristische Größe (z. B. 4,468 Mrd. Jahre für ^{238}U).

Je nach Vorhandensein und Halbwertszeit verschiedener radiogener Isotope werden unterschiedliche Methoden der Altersdatierung eingesetzt. Zu den wichtigsten Datierungsmethoden gehören:

- Rubidium-Strontium-Methode: Radioaktiver Zerfall von ^{87}Rb unter Entstehung von ^{87}Sr mit einer Halbwertszeit von 48,8 Mrd. Jahren
- Uran-Blei-Methode: Zerfall von ^{238}U zu ^{206}Pb (Halbwertszeit 4,468 Mrd. Jahre) bzw. ^{235}U zu ^{207}Pb (Halbwertszeit 704 Mio. Jahre)

- Kalium-Argon-Methode: Zerfall von ^{40}K zu ^{40}Ar (bzw. ^{40}Ca) mit einer Halbwertszeit von 1,28 Mrd. Jahren
- Radiokarbonmethode (Kohlenstoff-Stickstoff-Methode): Zerfall von ^{14}C unter Entstehung von ^{14}N mit einer Halbwertszeit von 5700 Jahren

Daneben können auch die linearen Zerfallsspuren der α-Strahlung in Mineralen durch Ätzung sichtbar gemacht und vermessen werden. Diese Methode der Altersdatierung wird als Fission-Track-Methode (Spaltspurendatierung) bezeichnet.

Phasenlehre – heterogene Gleichgewichte

© Springer-Verlag GmbH Deutschland, ein Teil von Springer Nature 2020
M. Göbbels, J. Götze und W. Lieber, *Physikalisch-chemische Mineralogie kompakt*, https://doi.org/10.1007/978-3-662-60728-2_4

Im Folgenden sollen die Grundlagen der Phasenlehre in allgemeiner Form erläutert werden. Dabei wird ein rein geometrischer Ansatz verfolgt; die thermodynamisch-mathematischen Hintergründe werden hier explizit nicht behandelt.

4.1 Begriffe und Definitionen

Phase (P)

Die Phase ist ein homogener, physikalisch definierter Teil eines Systems. Phasen sind durch Grenzflächen voneinander getrennt und (theoretisch) mechanisch voneinander trennbar.

Es existieren folgende Phasen:

- Gasförmige Phasen, sog. Gase
- Überkritisch-fluide Phasen (häufig werden diese auch als fluide Phasen bezeichnet, was aber materialwissenschaftlich nicht korrekt ist), sog. überkritische Fluide
- Flüssige (fluide) Phasen, sog. Fluide oder Flüssigkeiten
- Feste Phasen, sog. Feststoffe

Komponente (C)

Die Komponenten eines Systems werden im Allgemeinen als kleinste Anzahl unabhängig voneinander veränderlicher, chemischer Bestandteile gewählt. Aus ihnen lassen sich alle am Gleichgewicht beteiligte Phasen in einer chemischen Gleichung ableiten. Eine oder mehrere Komponenten können im System als Phase auftreten, müssen dies aber nicht. Die Wahl der Komponenten wird durch die Art der beabsichtigten Darstellung beeinflusst.

Beispiele: Der Kalifeldspat $K[AlSi_3O_8]$ kann mit folgenden Komponenten beschrieben werden:

- $K[AlSi_3O_8]$ als unäres System
- K_2O, Al_2O_3, SiO_2 als Phase in einem ternären System
- K, Al, Si, O als Phase in einem quaternären System

System

Das System enthält eine geeignete Anzahl zusammengeführter, chemisch reaktionsfähiger Stoffe (Komponenten) irgendwelcher Art:

- Ein homogenes System enthält nur eine Phase.
- Ein heterogenes System enthält nebeneinander verschiedene Phasen.
- Ein offenes System tauscht mit der Umgebung Energie und Materie aus.
- Ein geschlossenes System tauscht mit der Umgebung Energie (z. B. Wärme), aber keine Materie aus.
- Ein abgeschlossenes System tauscht mit der Umgebung weder Energie noch Materie aus.

Systeme werden nach der Anzahl ihrer Komponenten benannt:

- 1 Komponente: Unäres System
- 2 Komponenten: Binäres System
- 3 Komponenten: Ternäres System
- 4 Komponenten: Quaternäres System
- 5 Komponenten: Quinäres System
- n Komponenten: Polynäres System

Gleichgewicht

- Ein stabiles Gleichgewicht ändert sich nicht ohne äußeren Anlass in unbeschränkter Zeit.
- Ein metastabiles Gleichgewicht stellt einen Ruhezustand dar.
- Ein instabiles Gleichgewicht stellt einen Ruhezustand dar.

Reaktionswärme

- Wird während einer Reaktion vom System Wärme aufgenommen, ist die Reaktion endotherm (+).
- Wird während einer Reaktion vom System Wärme abgegeben, ist die Reaktion exotherm (–).

Man unterscheidet u. a.:
- Schmelzwärme
- Kristallisationswärme
- Verdampfungswärme
- Kondensationswärme
- Sublimationswärme
- Umwandlungswärme
- Reaktionswärme

Freiheitsgrade (F)

Als Freiheitsgrade sind z. B. Druck und Temperatur anzusehen. Wird ein Freiheitsgrad eingeschränkt, so reduziert sich die Zahl 2 in der Phasenregel auf 1. Mit der Phasenregel können Gleichgewichts- oder Ungleichgewichtszustände abgeschätzt werden.

Extensive Eigenschaften einer Phase (z. B. Volumen, Energie, Entropie) sind mengenabhängig, intensive Eigenschaften (z. B. Temperatur, Druck, Dichte) mengenunabhängig.

Phasenregel

Die Phasenregel nach J. W. Gibbs (Gibbs'sche Phasenregel) beschreibt den Zusammenhang im Gleichgewicht von Phasen (P), Freiheitsgraden (F) und Komponenten (C) in einem System:

$$\mathbf{P + F = C + 2}$$

Das Schmelzverhalten der Phasen

Bei einem kongruenten Schmelzverhalten eines Stoffes bildet sich im Aufheizverhalten beim Übergang über den Schmelzpunkt eine Schmelze identischer Zusammensetzung mit der ursprünglichen Festphase.

Bei einem inkongruenten Schmelzverhalten eines Stoffes bilden sich im Aufheizverhalten beim Übergang über den Schmelzpunkt eine Schmelze und eine Festphase – beide unterschiedlicher Zusammensetzung von der ursprünglichen Festphase.

Zersetzt sich (zerfällt) eine feste Phase im Sub-Solidus (▶ Abschn. 4.1) beim Aufheizen in zwei oder mehr unterschiedlich zusammengesetzte feste Phasen, so nennt man dies eine obere Stabilitätsgrenze.

Bildet sich aus zwei oder mehr unterschiedlichen festen Phasen im Sub-Solidus beim Aufheizen eine anders zusammengesetzte feste Phase, so nennt man dies eine untere Stabilitätsgrenze der sich gebildeten Phase.

Ablesung von Mengenverhältnissen – Hebelgesetz

Bei der Bestimmung der Mengenverhältnisse von Komponenten (A, B) oder koexistierenden Phasen einer betrachteten Zusammensetzung gilt immer das Hebelgesetz (Abb. 4.1).

So gilt für X = Mengenanteil A + Mengenanteil B

Mengenanteil A = [(Strecke XB)/(Strecke AB)] · 100 %
Mengenanteil B = [(Strecke AX)/(Strecke AB)] · 100 %
Mengenanteil A % + Mengenanteil B % = 100 %

Zur Bestimmung der Mengenverhältnisse in einem allgemeinen Dreieck von Komponenten (A, B, C) oder koexistierenden Phasen einer betrachteten Zusammensetzung wird ebenfalls das Hebelgesetz verwendet (Abb. 4.2).

Zur Bestimmung der Mengenanteile A, B und C in Punkt X wird eine Hilfslinie benötigt. Diese wird von einer gewählten Komponente (z. B. A) durch den betrachteten Punkt X bis zur gegenüberliegenden Dreieckskante gezogen. Damit ergibt sich der Hilfspunkt Z:

Mengenanteil A = [(Strecke XZ)/(Strecke AZ)] · 100 %
Mengenanteil (B + C) = [(Strecke AX)/(Strecke AZ)] · 100 %
Mengenanteil B = {Mengenanteil (B + C) [(Strecke ZC)/(Strecke BC)]} · 100 %
Mengenanteil C = {Mengenanteil (B + C) [(Strecke BZ)/(Strecke BC)]} · 100 %
Mengenanteil A % + Mengenanteil B % + Mengenanteil C % = 100 %

 Abb. 4.1   Erläuterung des Hebelgesetzes

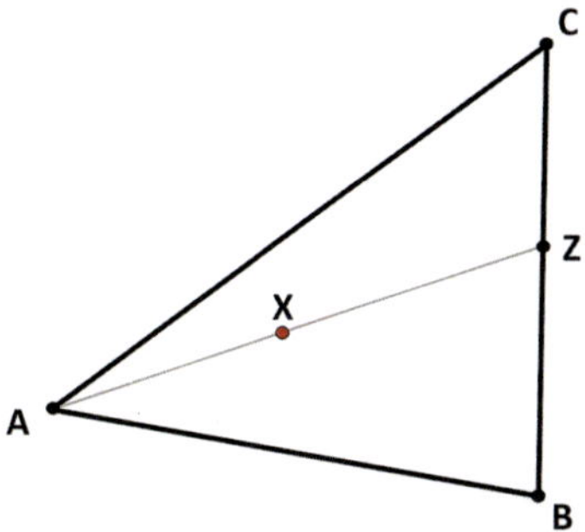

Abb. 4.2 Bestimmung der Mengenverhältnisse der Komponenten bzw. Phasen A, B, C der betrachteten Zusammensetzung X mittels des Hebelgesetzes

4.2 Darstellung von Phasendiagrammen

Unäre Systeme (Einkomponentensysteme) lassen sich im Druck-Temperatur-Raum problemlos im Zweidimensionalen darstellen.

Bei binären Systemen wird der Gleichgewichtsraum dreidimensional (**Abb. 4.3**). Zur Darstellung im Zweidimensionalen muss man entweder den Druck (p) konstant halten (isobare Darstellung), die Temperatur (T) konstant halten (isotherme Darstellung) oder die chemische Zusammensetzung (x) konstant halten (isoplethe Darstellung), um eine der drei Achsen zu eliminieren und so eine Darstellung in der Fläche zu ermöglichen.

Bei Mehrkomponentensystemen wird die Darstellung im Zweidimensionalen komplexer. Im Fall von binären Systemen ist die Auftragung der Mengenanteile X_A bzw. X_B der Komponenten A bzw. B in **Abb. 4.4** dargestellt.

Bei der Darstellung ternärer Systeme wird immer ein gleichseitiges (gleichschenkeliges) Dreieck zugrunde gelegt. Für die Benennung des ternären Systems wird immer links unten

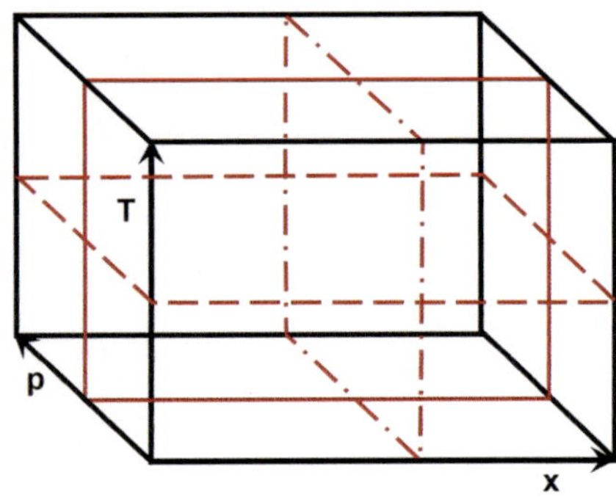

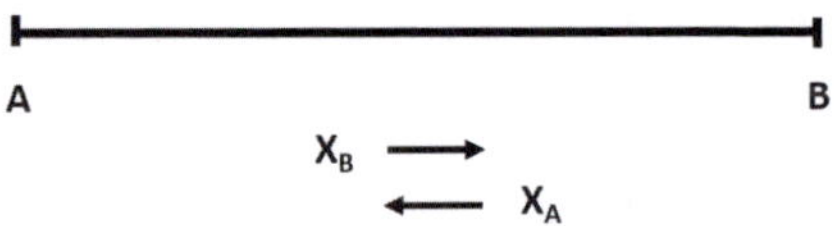

Abb. 4.3   Der dreidimensionale Druck-Temperatur-Zusammensetzung-Raum. p = Druck, T = Temperatur, x = Zusammensetzung

Abb. 4.4   Prinzip der Auftragung der Mengenanteile X_A bzw. X_B der Komponenten A und B

begonnen und entgegen dem Uhrzeigersinn aufgezählt. In ■ Abb. 4.5 wäre somit das System A–B–C vorgestellt. Darin ist auch die Auftragung bzw. Ablesung der jeweiligen Mengenverhältnisse von A resp. B und C und eines beliebigen Punktes Y dargestellt.

In ■ Abb. 4.5a ist in der Ecke von A die Komponente A zu 100 % vorhanden, auf der gegenüberliegenden Seite zu 0 %. Die Hilfslinie von A zum Hilfspunkt 1 stellt die Winkelhalbierende dar, und entlang dieser Linie ist das Mengenverhältnis von A abzulesen. Im Diagramm werden üblicherweise geeignete Prozentmarkierungen an den Randlinien des ternären

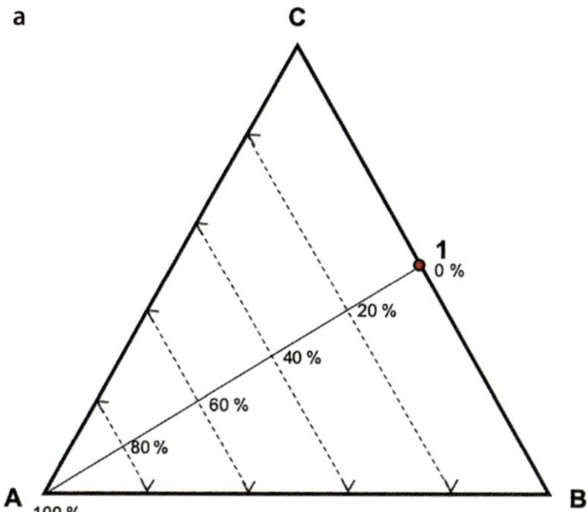

Abb. 4.5 Darstellung bzw. Ablesung von Mengenverhältnissen im ternären System A–B–C. **a** Auftragung von A. **b** Auftragung von B. **c** Auftragung von C. **d** Darstellung bzw. Ablesung eines beliebigen Punktes Y

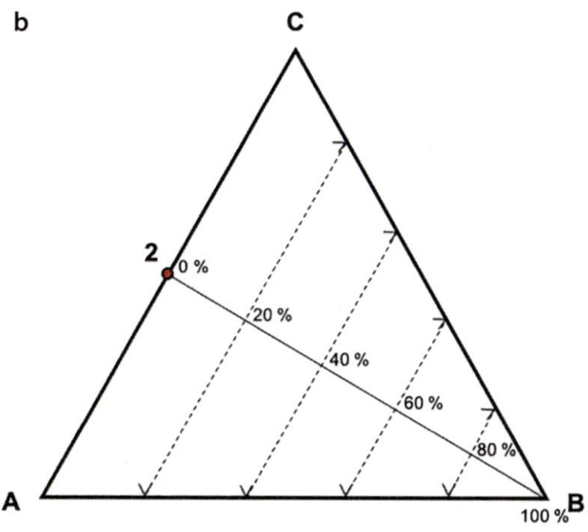

Abb. 4.5 (Fortsetzung)

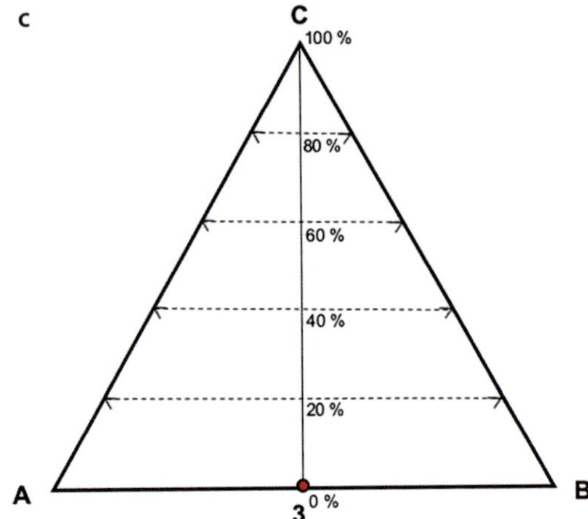

◘ **Abb. 4.5**   (Fortsetzung)

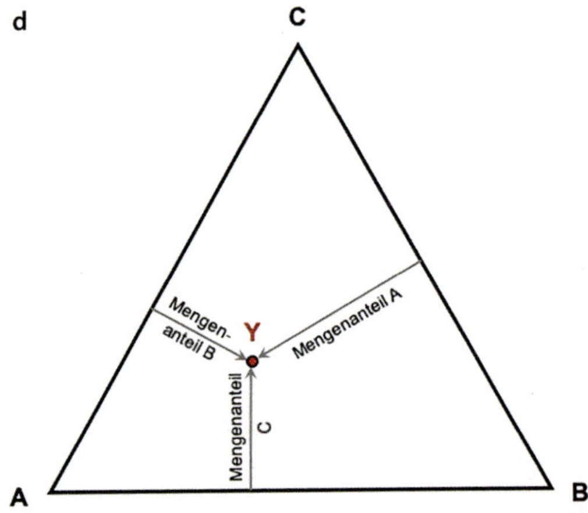

◘ **Abb. 4.5**   (Fortsetzung)

Systems innen mit Häkchen eingetragen. In ■ Abb. 4.5b ist Entsprechendes für B und in ■ Abb. 4.5c Entsprechendes für C dargestellt. ■ Abb. 4.5d zeigt die Ablesung bzw. Auftragung eines beliebigen Punktes Y.

4.3 Unäre Systeme

Unäre Systeme lassen sich problemlos im Zweidimensionalen darstellen (■ Abb. 4.6).

Bei der Darstellung unärer Systeme gibt es zwei Möglichkeiten der Darstellung: entweder „Druck gegen Temperatur" oder „Temperatur gegen Druck". Prinzipiell sind beide Darstellungen gültig, in den Geowissenschaften werden aber die Ordinate (y-Achse) mit dem Druck und die Abszisse (x-Achse) mit der Temperatur belegt.

Es finden sich drei unterschiedliche Bereiche:

1. Felder (Primärausscheidungsfelder/Phasenfelder): Als Fläche besitzen sie zwei variable Größen – eine Variation

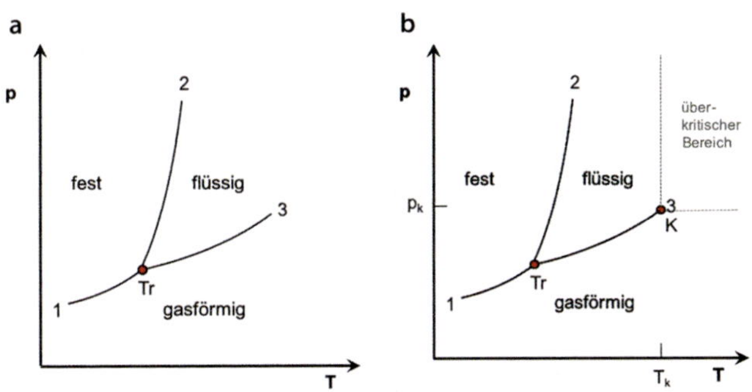

■ **Abb. 4.6** Allgemeine Darstellung eines unären Systems im Druck-Temperatur-Raum. Tr – Tripelpunkt **a** Prinzipielle Darstellung. **b** Erläuterung des kritischen Punktes K

im Druck und eine Variation in der Temperatur. Damit sind sie divariant.

2. Phasengrenzen (Feldergrenzen): Es sind Linien, die die Phasenfelder begrenzen. Da als Linie bei einer gewählten Zustandsgröße (Druck oder Temperatur) die korrelierte andere Zustandsgröße (Temperatur oder Druck) festliegt, sind sie mono- bzw. univariant.
3. Tripelpunkt: Im Tripelpunkt Tr treffen sich drei Phasengrenzen. Er ist für beide Zustandsgrößen klar definiert und somit invariant.

In ■ Abb. 4.6a sind drei Phasenfelder entsprechend der Aggregatzustände fest – flüssig – gasförmig allgemein dargestellt. Die feste Phase wird von den Phasengrenzen Strecke Tr1 und Strecke Tr2 begrenzt. Die flüssige Phase wird von den Phasengrenzen Strecke Tr2 und Strecke Tr3 begrenzt und die gasförmige Phase von den Phasengrenzen Strecke Tr1 und Strecke Tr3. Im Tripelpunkt Tr treffen sich diese Phasengrenzen. Treten mehrere feste Phasen und/oder mehrere (nicht mischbare) Flüssigkeiten auf, existieren analog weitere Tripelpunkte.

Phasengrenzen sind in ihrem Verlauf meist leicht gebogen. Der Winkel zwischen den Phasengrenzen im Tripelpunkt ist immer kleiner als 180°. Die Steigung der Phasengrenzen kann sowohl negativ als auch positiv sein, meist ist sie jedoch positiv.

Druck stabilisiert Phasen mit höherer Dichte. Mit zunehmendem Druck geht ein Gas in den festen oder flüssigen Zustand über, mit Temperaturzunahme geht ein Festkörper in den flüssigen Zustand über. Besitzt die feste Phase eine höhere Dichte als die Flüssigkeit, so ist die Steigung der Feldergrenze zwischen fest und flüssig positiv. Besitzt die feste Phase eine geringere Dichte als die Flüssigkeit, so ist die Steigung der Feldergrenze zwischen fest und flüssig negativ. Dies ist zum Beispiel im unären System H_2O der Fall; daher schwimmen Eisberge im Wasser auf.

In ◘ Abb. 4.6b ist der kritische Punkt K näher erläutert. Die Feldergrenze zwischen der flüssigen Phase und der gasförmigen Phase endet im kritischen Punkt K. Bei höheren Drucken und Temperaturen existiert der überkritische Bereich. Er wird praktisch nie mit Feldergrenzen markiert. Oft ist nur der Punkt K angegeben. Der kritische Punkt K wird eindeutig durch den Druck p_K und die Temperatur T_K definiert.

4.4 Binäre Systeme

Binäre Systeme lassen sich zweidimensional nur durch Schnitte des dreidimensionalen Zustandsraumes darstellen (vgl. ◘ Abb. 4.3). Üblicherweise wird eine isobare Darstellung (p = const.) gewählt.

Man unterscheidet zwei grundlegende Typen der binären Systeme: das eutektische und das isomorphe System. Dazwischen existieren alle Möglichkeiten der Kombination bzw. Überführung ineinander.

Eutektisches System

In ◘ Abb. 4.7a ist ein eutektisches binäres System prinzipiell dargestellt. Das binäre System zeigt die Auftragung der Temperatur T über die Zusammensetzung x der Komponenten A und B. Die Komponente A ist hier auch gleichzeitig feste Phase mit einem kongruenten Schmelzpunkt bei T_{SA}, die Komponente B ist ebenso gleichzeitig feste Phase mit einem kongruenten Schmelzpunkt bei T_{SB}. Die horizontale Linie bei T_{sol} ist die Solidus(-Linie). Die gekrümmten Linien zwischen den Strecken $T_{SA}E$ und ET_{SB} sind die Liquidus-Linien.

Der Bereich über den Liquidus-Linien wird Hyper-Liquidus(-Bereich) genannt, die Regionen zwischen Liquidus-Linien und der Solidus-Linie werden als Liquidus(-Bereich) bezeichnet. Unter der Solidus-Linie findet sich der Sub-Solidus(-Bereich). Mit E wird das Eutektikum bezeichnet. Im Eutektikum sind die Temperaturen des Solidus und der Liquidus-Linien gleich. Es ist ein Invarianzpunkt und stellt das absolute Temperaturminimum der Liquidus-Linien dar. Die Lage des Eutektikums, die Temperatur der Schmelzpunkte, die Temperatur des Solidus und die Art der Krümmung der Liquidus-Linien ist komponentenabhängig und kann dementsprechend variieren.

◘ Abb. 4.7b beschreibt die Phasenfelder in diesem allgemeinen Fall. Salopp gesagt, sind in jedem Phasenfeld die Phasen stabil, die es rechts und links begrenzen.

Unter dem Solidus sind die Reinphasen A und B im Gleichgewicht stabil (2-Phasenfeld A + B). Oberhalb des Solidus aufseiten der Komponente A befinden sich die Phase A und die Schmelze L im Gleichgewicht. Oberhalb des Solidus aufseiten der Komponente B befindet sich die Schmelze L mit der Phase B im Gleichgewicht. Oberhalb der Liquidus-Linien findet sich nur Schmelze L. Diese ist unabhängig von ihrer jeweiligen Zusammensetzung homogen. Falls sie Entmischungen zeigen würde, wäre dies explizit dargestellt.

Am Eutektikum E (eutektischen Punkt) sind sowohl die Schmelze L eutektischer Zusammensetzung als auch die Phasen A und B im Gleichgewicht.

In ◘ Abb. 4.7c wird das binäre System A–B bezüglich koexistierender Phasen in den jeweiligen Phasenfeldern betrachtet. Zu einer quantitativen Aussage sind zwei Vorgaben notwendig: einerseits die betrachtete Zusammensetzung Z, gegeben durch das Verhältnis der Komponenten mittels Hebelgesetz als Grundlage, und andererseits die diskutierte Temperatur T_1 bis T_3:

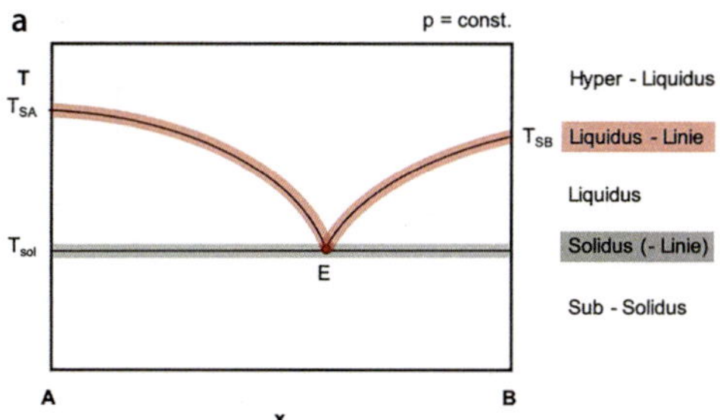

Abb. 4.7 Prinzipielle Darstellung des eutektischen Systems als isobarer Schnitt (p = const.). A und B = Komponenten, T = Temperatur, x = Zusammensetzung aus den Komponenten A und B, E = Eutektikum. **a** Generelle Benennung der jeweiligen Bereiche und definierten Punkte. **b** Bezeichnung der Phasenfelder: A und B = feste Phasen, L = Schmelze. **c** Darstellung koexistierender Phasen bei gegebener Temperatur (T_1, T_2, T_3) und ausgewählter Zusammensetzung Z. **d** Darstellung eines Kristallisationsverlaufs der Zusammensetzung Z entlang der Liquidus-Linie. **e** Darstellung des Kristallisationsverlaufs der Zusammensetzung Z (**Abb. 4.7c**) mit Skizzen zum mikroskopischen Gefüge der Einzelbereiche und eines schematisierten Kristallisationsverlaufs

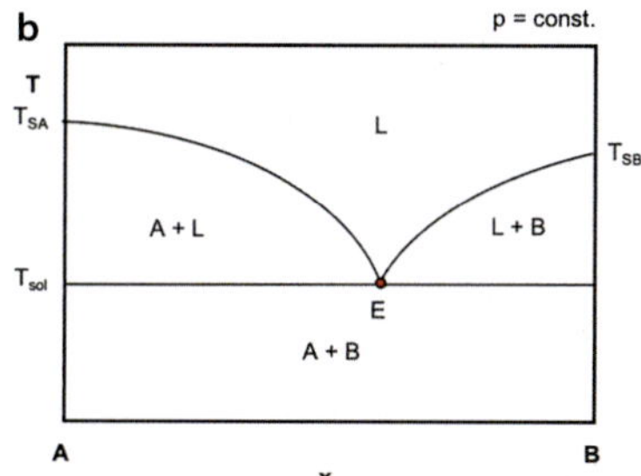

Abb. 4.7 (Fortsetzung)

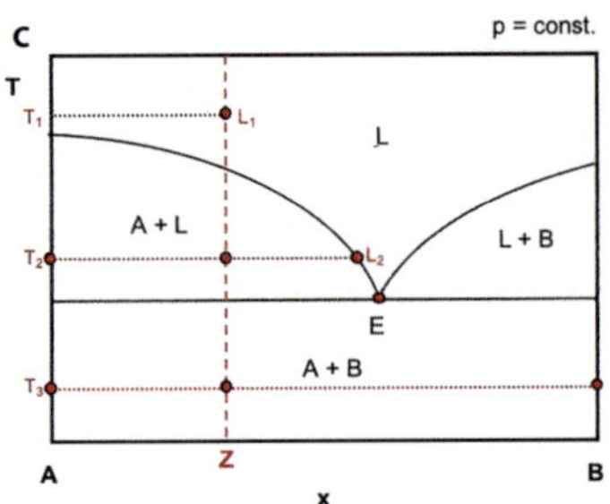

■ Abb. 4.7   (Fortsetzung)

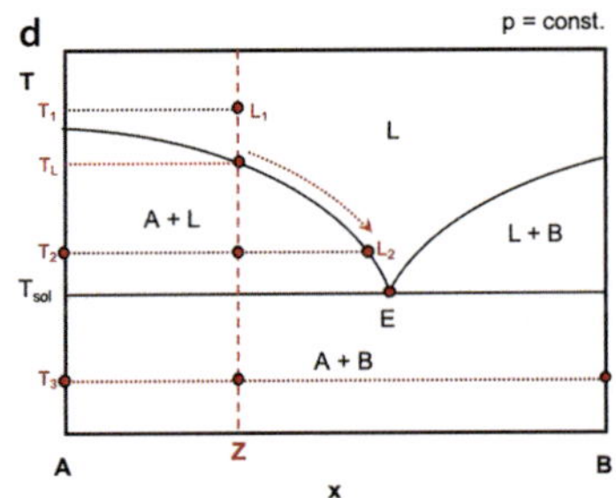

■ Abb. 4.7   (Fortsetzung)

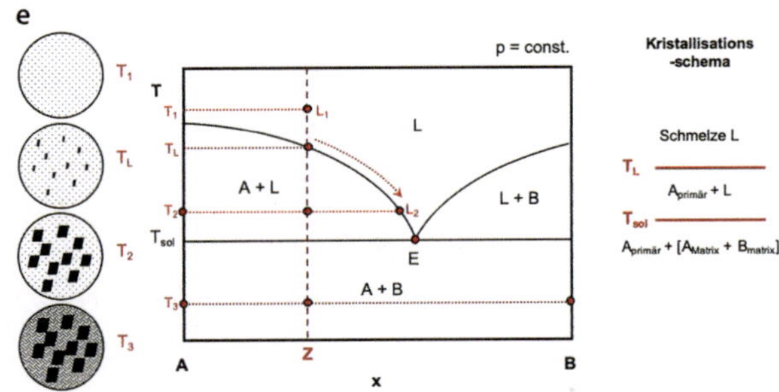

■ Abb. 4.7   (Fortsetzung)

1. Bei der Temperatur T_1 liegt die Zusammensetzung Z im Phasenfeld der Schmelze L. Diese hat die identische Zusammensetzung wie Z (L_1).
2. Bei T_2 liegt die diskutierte Zusammensetzung im Primärausscheidungsfeld A im Gleichgewicht mit einer Schmelze. Hier koexistiert A mit der Schmelze L_2. Die Liquidus-Linie repräsentiert die temperaturabhängig koexistierenden Schmelzzusammensetzungen. Der Schnittpunkt der Liquidus-Linie mit der betrachteten Temperatur gibt also die koexistierende Schmelzzusammensetzung an. Die Mengenverhältnisse von A und L_2 werden über das Hebelgesetz definiert.
3. Bei der Temperatur T_3 liegt die diskutierte Zusammensetzung im Zweiphasenfeld A + B. Auch hier wird wieder das Hebelgesetz angewendet, um die Mengenverhältnisse abzulesen.

In ◘ Abb. 4.7d wird der Kristallisationsverlauf der gewählten Zusammensetzung Z diskutiert. Die Ableitung von Kristallisationsverläufen im Gleichgewicht ist oft deutlich einfacher als die Ableitung von Aufschmelzverhalten. Daher ist es sinnvoll, bei der Ermittlung des Aufschmelzverhaltens einer gewünschten Zusammensetzung zunächst den Kristallisationsverlauf abzuleiten und diesen danach einfach umzukehren.

Es soll der Kristallisationsverlauf (Kristallisationspfad) der Zusammensetzung Z abgeleitet werden. Von hohen Temperaturen kommend, wird die Schmelze ihre Viskosität erhöhen. Die Bestimmung der Zusammensetzung entspricht dem zu ◘ Abb. 4.7c (Punkt 1) erklärten Prinzip.

Bei der Temperatur T_L trifft diese abkühlende Schmelze L die Liquidus-Linie. Es bilden sich erste primäre A-Kristalle. Dies resultiert in einer Verarmung der Restschmelze an Komponente A. Die Zusammensetzung der Schmelze verarmt an A bei gleichzeitig sinkender Temperatur, wobei die Schmelze verhältnismäßig an B angereichert wird. Entsprechend dem roten Pfeil in ⬛ Abb. 4.7d entwickelt sich die Zusammensetzung der Schmelze entlang der Liquidus-Linie, bis sie das Eutektikum bei T_{sol} trifft. Die quantitative Bestimmung der Mengenverhältnisse der Phase A und der koexistierenden Schmelze geschieht analog zu dem zu ⬛ Abb. 4.7c (Punkt 2) erklärten Prinzip. Hier endet die Kristallisation der Primärphase A, die idiomorph in der resultierenden Restschmelze vorliegt.

Bei weiterer Temperaturerniedrigung bleiben die idiomorphen A-Kristalle erhalten. Die Restschmelze ihrerseits mit eutektischer Zusammensetzung kristallisiert nun schnell feinkörnig als Matrix aus. Diese Matrix besteht aus A und B im Mengenverhältnis der Zusammensetzung des Eutektikums (!).

Nun ändert sich bei weiterer Abkühlung an den Phasenverhältnissen nichts mehr. Das Gesamtmengenverhältnis der Phasen A und B entspricht dem zu ⬛ Abb. 4.7c (Punkt 3) erklärten Prinzip. Zu beachten ist aber, dass sich die Menge der Phase A sowohl aus primären idiomorphen Kristallen als auch aus feinkörnigen Kristalliten in der Matrix ergibt. Die Phase B liegt nur in der Matrix feinkörnig vor.

Dieses Prinzip des Kristallisationsverlaufs ist für alle ausgewählten Zusammensetzungen im binären System A–B übertragbar. Befindet sich die Zusammensetzung in einem Bereich, in dem sich B als Primärphase ausscheidet, muss die Phasenabfolge entsprechend angepasst werden.

Der Kristallisationsverlauf im Prinzip als mikroskopisches Gefüge in Skizzen und als Kristallisationsschema findet sich in ⬛ Abb. 4.7e.

Binäre Systeme mit intermediären Phasen

Treten in binären Systemen intermediäre Phasen (Zwischenphasen) auf, so ist für die Betrachtung das Schmelzverhalten dieser intermediären Phase entscheidend.

⬛ Abb. 4.8 zeigt ein allgemeines binäres System A–B mit intermediärer Phase AB_x mit kongruentem Schmelzverhalten.

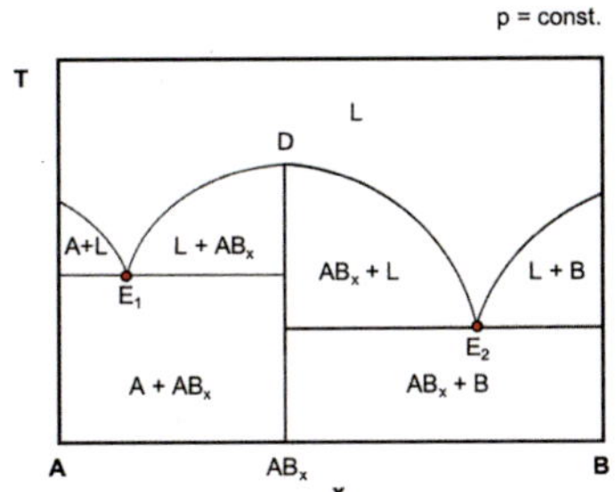

◙ Abb. 4.8   Allgemeines binäres System A–B mit intermediärer Phase AB$_x$ mit kongruentem Schmelzverhalten

Das binäre System A–B mit intermediärer Phase AB$_x$ lässt sich aufgrund des kongruenten Schmelzverhaltens von AB$_x$ als zwei nebeneinanderliegende binäre Systeme A–AB$_x$ und AB$_x$–B ansehen. Damit gelten für beide Seiten unabhängig voneinander die Beschreibungen des „eutektischen Systems" wie oben beschrieben.

Da in diesem System zwei Eutektika vorliegen, werden sie zur Unterscheidung mit E$_1$ und E$_2$ bezeichnet. Der kongruente Schmelzpunkt der binären intermediären Phase AB$_x$ stellt ein lokales Maximum im Verlauf der Liquidus-Linien dar. Daher wird er auch als Dystektikum D oder dystektischer Punkt bezeichnet. Die Solidi und ihre Temperaturen in den binären Teilsystemen A–AB$_x$ und AB$_x$–B haben nichts miteinander zu tun und stehen für die Gleichgewichtsbeziehungen mit der jeweiligen anderen Randkomponente von AB$_x$.

Intermediäre Phasen können obere Stabilitätsgrenzen haben und sich im Sub-Solidus (◙ Abb. 4.9) zersetzen.

Intermediäre Phasen können aber auch neben einer oberen Stabilitätsgrenze eine untere Stabilitätsgrenze im Sub-Solidus besitzen (◙ Abb. 4.10).

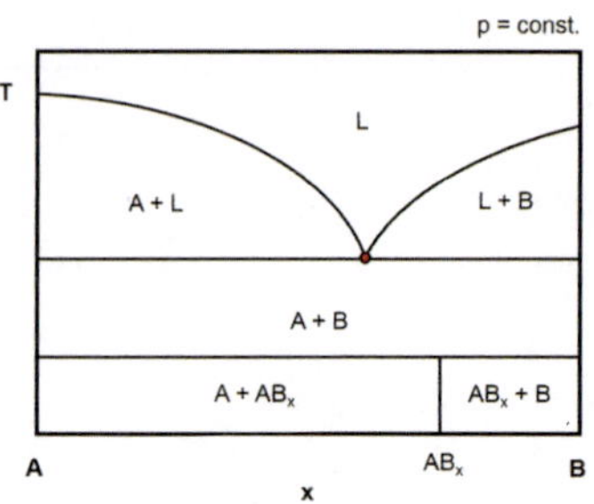

■ Abb. 4.9   Binäres System A–B mit intermediärer Phase AB_x mit oberer Stabilitätsgrenze im Sub-Solidus

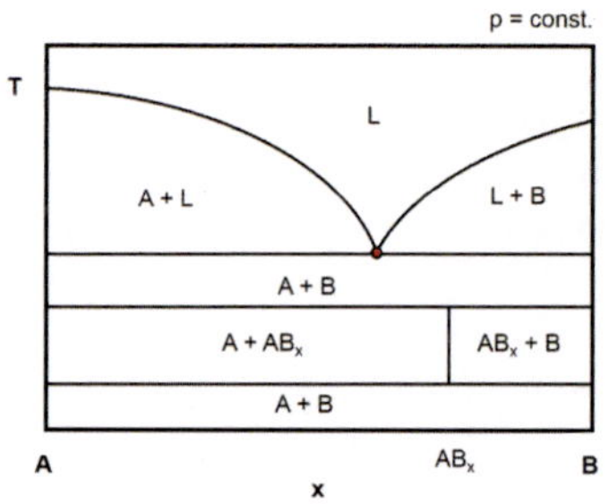

■ Abb. 4.10   Binäres System A–B mit intermediärer Phase AB_x mit oberer und unterer Stabilitätsgrenze im Sub-Solidus

■ Abb. 4.11 zeigt ein allgemeines binäres System A–B mit intermediärer Phase AB_x mit inkongruentem Schmelzverhalten.

In diesem binären System zeigt die intermediäre Phase AB_x ein inkongruentes Schmelzverhalten. Die Phase AB_x schmilzt bei der peritektischen Temperatur T_{Per} inkongruent, d. h., sie zerfällt in eine Schmelze der Zusammensetzung des Peritektikums P und der koexistierenden festen Phase B. Dieses „Zerfallsverhalten"

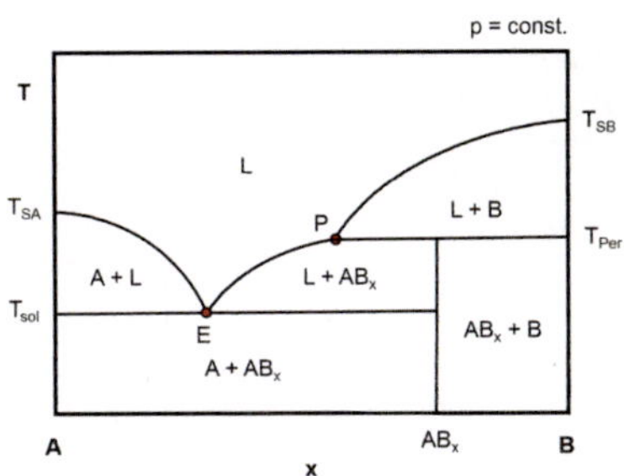

⬤ Abb. 4.11   Allgemeines binäres System A–B mit intermediärer Phase AB$_x$ mit inkongruentem Schmelzverhalten

wurde hier willkürlich gewählt. Es könnte auch zur Bildung einer koexistierenden Phase A führen, dann würde sich das Diagramm analog spiegeln.

Betrachtet man hier die verschiedenen möglichen Kristallisationsbahnen, so muss man den Gleichgewichtsfall und den Ungleichgewichtsfall unterscheiden (⬤ Abb. 4.12a–f).

In ⬤ Abb. 4.12a ist das Phasendiagramm in vier Bereiche (I–IV) unterschiedlicher Kristallisationsverhalten unterteilt.

Kristallisationsverlauf in binären Systemen mit inkongruent schmelzender Zwischenphase im Gleichgewichtsfall

Der Kristallisationspfad in Bereich I (⬤ Abb. 4.12a) ist analog zu der Konstruktion des Kristallisationspfades im eutektischen System.

Der Kristallisationspfad für Zusammensetzungen, die in Bereich II liegen (⬤ Abb. 4.12b), wird prinzipiell an der Zusammensetzung X_1 erläutert. Aus der Schmelze kommend wird bei Temperatur T_1 die Liquidus-Linie getroffen, und nachfolgend scheidet sich die Phase AB$_x$ aus der Schmelze L aus.

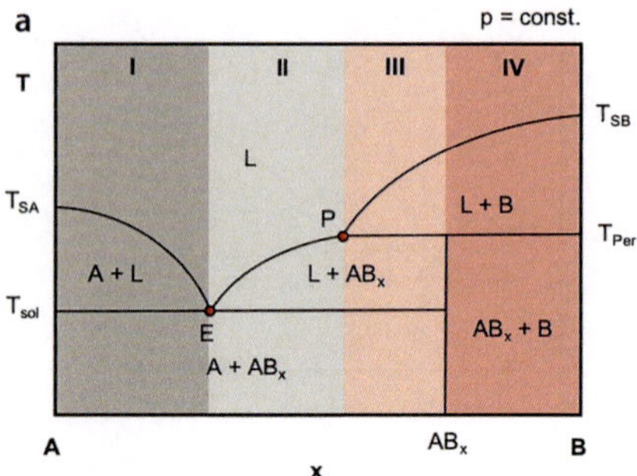

Abb. 4.12   Allgemeines binäres System A–B mit intermediärer Phase AB$_x$ mit inkongruentem Schmelzverhalten. **a** Markierung der vier Bereiche (I–IV) mit unterschiedlichem Verhalten im Kristallisationsverlauf. **b** Kristallisationsverlauf in Bereich II im Gleichgewicht. **c** Kristallisationsverlauf in Bereich III im Gleichgewicht. **d** Kristallisationsverlauf in Bereich IV im Gleichgewicht. **e** Kristallisationsverlauf in Bereich III im Ungleichgewicht. **f** Kristallisationsverlauf in Bereich IV im Ungleichgewicht

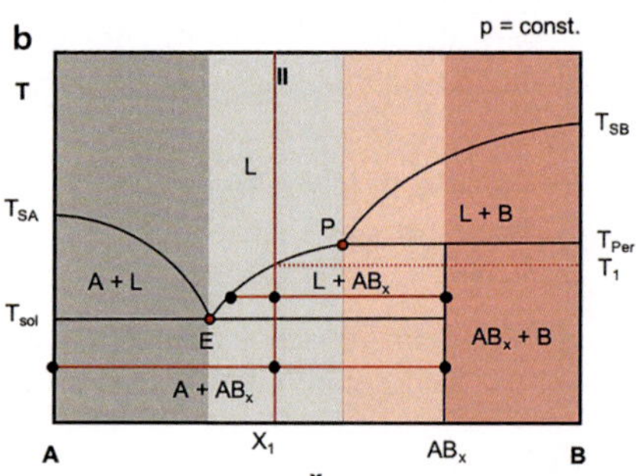

Abb. 4.12   (Fortsetzung)

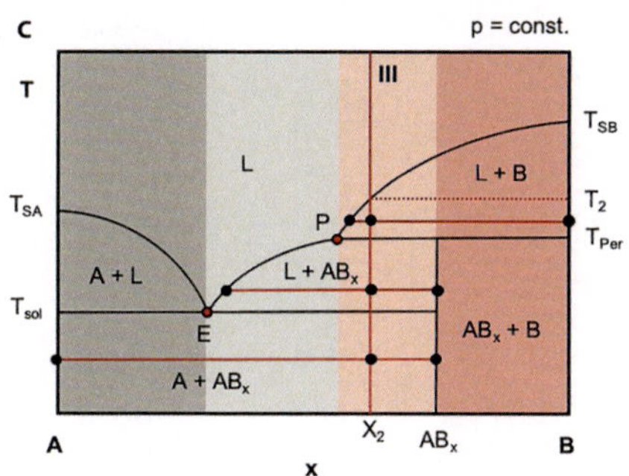

Abb. 4.12   (Fortsetzung)

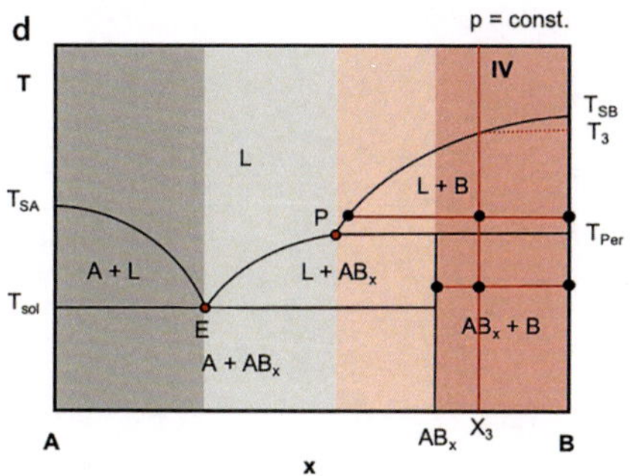

Abb. 4.12   (Fortsetzung)

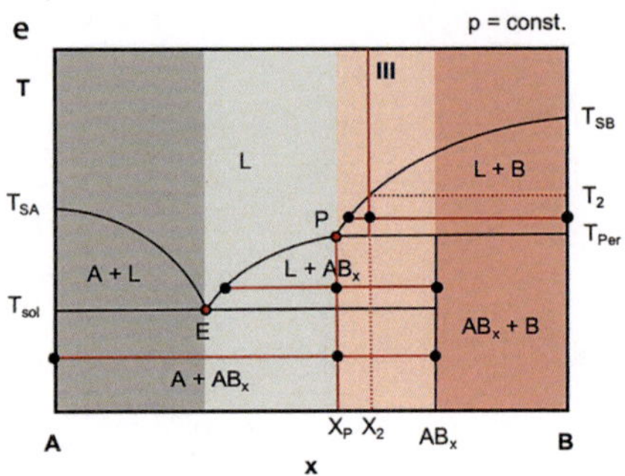

Abb. 4.12   (Fortsetzung)

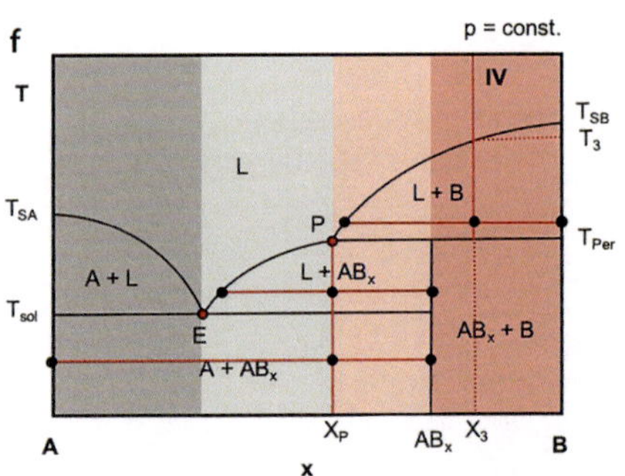

Abb. 4.12   (Fortsetzung)

Die Mengenverhältnisse der Phasen werden wieder über das Hebelgesetz bestimmt. Die primär ausscheidende Phase AB_x wächst mit abnehmender Temperatur. Die Zusammensetzung der Schmelze während der Abkühlung entwickelt sich entlang der Liquidus-Linie, bis die Solidus-Temperatur T_{sol} erreicht wird. Die Schmelze besitzt nun eutektische Zusammensetzung. Beim Unterschreiten der Solidus-Temperatur wird die eutektisch zusammengesetzte Schmelze zwischen den primär ausgeschiedenen AB_x-Kristalliten eine feinkörnig auskristallisierte Matrix eutektischen Gefüges von A und AB_x ausbilden. Das Mengenverhältnis der Matrix entspricht der eutektischen Zusammensetzung. Das Gesamtmengenverhältnis der Kristallisationsabfolge im Sub-Solidus entspricht aber der betrachteten Zusammensetzung X_1, die sich aus einem Gefüge bestehend aus $A_{Matrix} + (AB_{xprimär} + AB_{xMatrix})$ ableitet.

Der Kristallisationspfad für Zusammensetzungen, die in Bereich III liegen (❍ Abb. 4.12c), wird prinzipiell an der Zusammensetzung X_2 erläutert. Aus der Schmelze kommend wird bei Temperatur T_2 die Liquidus-Linie getroffen, und nachfolgend scheidet sich die Phase B aus der Schmelze L aus. Die Mengenverhältnisse der Phasen werden über das Hebelgesetz bestimmt. Die primär ausscheidende Phase B wächst mit abnehmender Temperatur. Die Zusammensetzung der Schmelze während der Abkühlung entwickelt sich entlang der Liquidus-Linie, bis die peritektische Temperatur T_{Per} erreicht wird. Kurz oberhalb der peritektischen Temperatur liegen Schmelze peritektischer Zusammensetzung und Primärphase B vor. Beim Unterschreiten der peritektischen Temperatur gelten die Gleichgewichtsverhältnisse von Schmelze und AB_x. Das bedeutet, dass entsprechende Anteile der Schmelze mit den gesamten primär ausgeschiedenen B-Kristalliten so rekombinieren müssen, dass sich AB_x bildet. Bei weiterer Abkühlung wachsen die AB_x-Kristallite, und die Schmelze entwickelt sich entlang der Liquidus-Linie, bis das Eutektikum erreicht ist. Beim Unterschreiten der Solidus-Temperatur wird die eutektisch zusammengesetzte Schmelze zwischen den primär ausgeschiedenen AB_x-Kristalliten eine feinkörnig auskristallisierte Matrix eutektischen Gefüges von A und AB_x ausbilden. Das Mengenverhältnis der Matrix entspricht der eutektischen Zusammensetzung. Das Gesamtmengenverhältnis der Kristallisationsabfolge im Sub-Solidus entspricht nun aber der betrachteten Zusammensetzung X_2, die sich aus einem Gefüge bestehend aus $A_{Matrix} + (AB_{xprimär} + AB_{xMatrix})$ entsprechend dem Hebelgesetz ableitet.

Der Kristallisationspfad für Zusammensetzungen, die in Bereich IV liegen ($\blacksquare$ Abb. 4.12d), wird prinzipiell an der Zusammensetzung X_3 erläutert. Aus der Schmelze kommend wird bei Temperatur T_3 die Liquidus-Linie getroffen, und nachfolgend scheidet sich die Phase B aus der Schmelze L aus. Die Mengenverhältnisse der Phasen werden wieder über das Hebelgesetz bestimmt. Die primär ausscheidende Phase B wächst mit abnehmender Temperatur. Die Zusammensetzung der Schmelze während der Abkühlung entwickelt sich entlang der Liquidus-Linie, bis die peritektische Temperatur T_{Per} erreicht wird. Kurz oberhalb der peritektischen Temperatur liegen Schmelze peritektischer Zusammensetzung und Primärphase B vor. Beim Unterschreiten der peritektischen Temperatur gelten die Gleichgewichtsverhältnisse AB_x und B. Das bedeutet, dass entsprechende Anteile der ausgeschiedenen Phase B mit der gesamten Schmelze peritektischer Zusammensetzung so rekombinieren müssen, dass sich AB_x neben der schon auskristallisierten Phase B bildet. Der Anteil an bereits auskristallisierter Phase B wird während der Rekombination nicht komplett aufgebraucht. Das Gesamtmengenverhältnis der Kristallisationsabfolge im Sub-Solidus entspricht nun aber der betrachteten Zusammensetzung X_3, die sich aus einem Gefüge bestehend aus $AB_{xMatrix} + (B_{Primär} + B_{Matrix})$ entsprechend dem Hebelgesetz ableitet.

Die Kristallisationspfade im Gleichgewichtsfall für Bereich III und IV werden so aber in der Realität nicht ablaufen, da Rekombinationen von festen Phasen und Schmelzen kinetisch gehemmt sind. Im Folgenden werden die beiden Bereiche deshalb im Ungleichgewichtsfall betrachtet.

Kristallisationsverlauf in binären Systemen mit inkongruent schmelzender Zwischenphase im Ungleichgewichtsfall

Der Kristallisationspfad für Zusammensetzungen, die in Bereich III liegen ($\blacksquare$ Abb. 4.12e), verläuft bis zum Erreichen der peritektischen Temperatur so, wie im Gleichgewichtsfall oben erläutert wurde. Kurz oberhalb der peritektischen Temperatur liegen Schmelze peritektischer Zusammensetzung und Primärphase B vor. Beim Unterschreiten der peritektischen Temperatur müssten sich im Gleichgewichtsfall entsprechende Anteile der Schmelze mit den gesamten primär ausgeschiedenen Kristalliten der Phase B so rekombinieren, dass sich AB_x bildet. Das geschieht jedoch im praktischen Fall nicht. Bei weiterer Abkühlung wird die peritektische Schmelze als eigenständige Zusammensetzung X_p agieren, weiter auskristallisieren, der Liquidus-Linie folgen und dabei AB_x ausscheiden. Die vorher ausgeschiedenen Kristallite der Phase B werden von AB_x umwachsen und sind „kinetisch isoliert". Es bilden sich B-Kerne mit AB_x-Säumen. Der weitere Kristallisationsverlauf ist nun analog zum Gleichgewichtsablauf für Bereich II.

Der Kristallisationspfad für Zusammensetzungen, die in Bereich IV liegen (◻ Abb. 4.12f), verläuft bis zum Erreichen der peritektischen Temperatur so, wie im Gleichgewichtsfall oben erläutert wurde. Kurz oberhalb der peritektischen Temperatur liegen Schmelze peritektischer Zusammensetzung und Primärphase B vor. Beim Unterschreiten der peritektischen Temperatur müsste sich im Gleichgewichtsfall die gesamte Schmelze mit den Anteilen der primär ausgeschiedenen B Kristallite so rekombinieren, dass sich AB_x bildet. Das geschieht jedoch im praktischen Fall nicht. Bei weiterer Abkühlung wird die peritektische Schmelze als eigenständig agierende Zusammensetzung X_p agieren, weiter auskristallisieren, der Liquidus-Linie folgen und nun AB_x ausscheiden. Die vorher ausgeschiedenen B-Kristallite werden von AB_x umwachsen und sind „kinetisch isoliert". Es bilden sich B-Kerne mit AB_x-Säumen. Der weitere Kristallisationsverlauf ist nun analog zum Gleichgewichtsablauf für Bereich II.

Der Kristallisationsverlauf im Ungleichgewichtsfall in Bereich IV entspricht also prinzipiell dem Kristallisationspfad in Bereich III. Dies liegt im Durchschreiten des Peritektikums begründet, das sich in beiden Fällen gleich auf den weiteren Kristallisationsverlauf auswirkt.

Isomorphes System

In ◙ Abb. 4.13a ist ein allgemeines isomorphes binäres System der Komponenten A und B dargestellt.

Unter einem isomorphen System versteht man ein binäres System, bei dem eine lückenlose Mischbarkeit (Mischkristall) AB_{ss} zwischen den Randphasen A und B existiert. Die Abkürzung ss für den Mischkristall steht für *solid solution* (feste Lösung = Mischkristall). Die Komponente A ist hier auch gleichzeitig feste Phase mit einem kongruenten Schmelzpunkt bei T_{SA}, die Komponente B ist ebenso gleichzeitig feste Phase

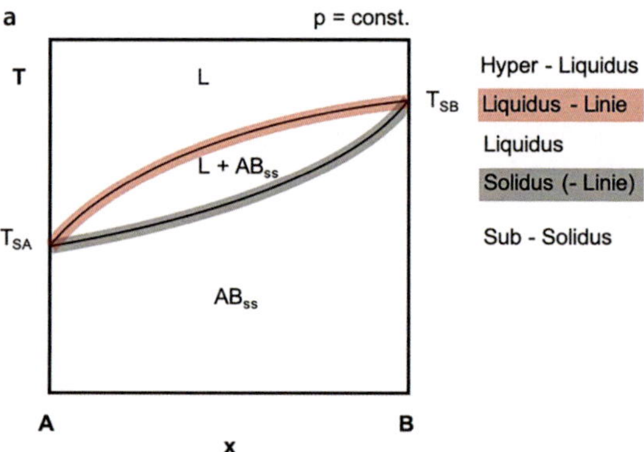

◙ **Abb. 4.13** **a** Allgemeine Darstellung eines isomorphen Systems A–B mit Bezeichnung der Phasenfelder. **b** Gleichgewichts-Kristallisationspfad eines isomorphen Systems A–B. **c** Ungleichgewichts-Kristallisationspfad eines isomorphen Systems A–B

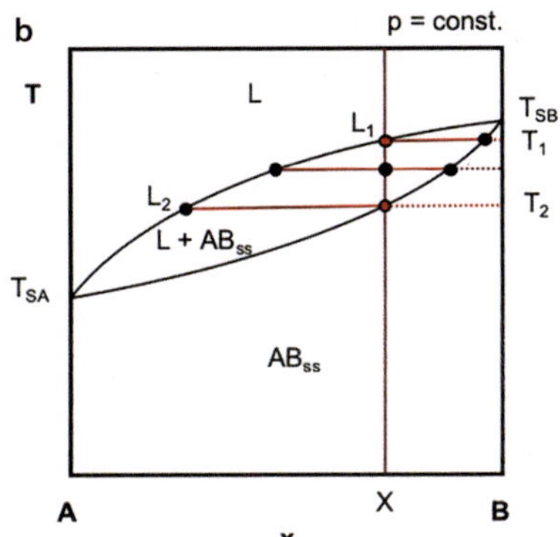

Abb. 4.13 (Fortsetzung)

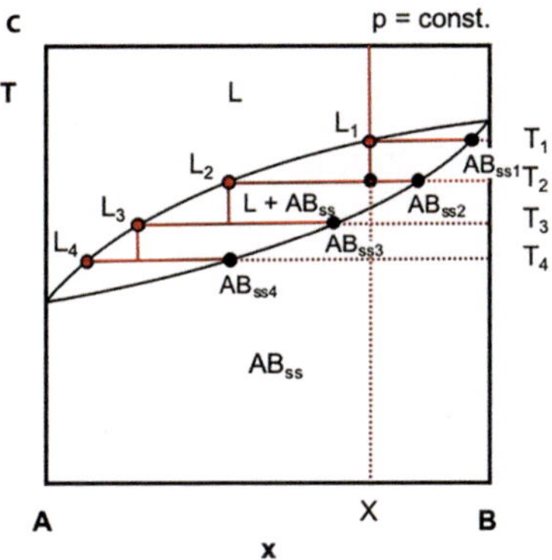

Abb. 4.13 (Fortsetzung)

mit einem kongruenten Schmelzpunkt bei T_{SB}. Hier verlaufen sowohl Solidus(-Linie) als auch Liquidus-Linie gekrümmt.

Der Bereich über der Liquidus-Linie wird Hyper-Liquidus (Bereich) genannt, die Regionen zwischen Liquidus-Linie und der Solidus-Linie werden als Liquidus (Bereich) bezeichnet. Unter der Solidus-Linie findet sich der Sub-Solidus (Bereich).

Auch beim isomorphen System unterscheidet man Gleichgewichts- und Ungleichgewichts- Kristallisationspfade.

Kristallisationsverlauf im isomorphen System im Gleichgewicht

Der Kristallisationspfad für den Gleichgewichtszustand ist in ◘ Abb. 4.13b dargestellt.

Betrachtet wird die Zusammensetzung X. Bei Abkühlung trifft der Kristallisationspfad bei der Temperatur T_1 die Liquidus-Linie. Bei dieser Temperatur sind die Schmelze mit der Zusammensetzung L_1 und erste Kristallite mit der Zusammensetzung AB_{ss1} im Gleichgewicht. Bei weiterer Abkühlung ändert sich sowohl die Zusammensetzung der Schmelze (dem Verlauf der Liquidus-Linie folgend) als auch die Zusammensetzung des koexistierenden Mischkristalls AB_{ss} (dem Verlauf der Solidus-Linie folgend). Die Mengenverhältnisse der jeweiligen Phase lassen sich mit dem Hebelgesetz ableiten.

Da der Gleichgewichtsfall betrachtet wird, werden sich die auskristallisierten Glieder der Mischkristallreihe bei jeder Temperatur bis in den Kern homogenisieren, um in der Gesamtheit immer die jeweilig koexistierende Zusammensetzung zu besitzen.

Bei der Temperatur T_2 ist die Kristallisation beendet, die Schmelze der Zusammensetzung L_2 ist mengenmäßig aufgebraucht, und die Kristalle sind alle komplett homogen in ihrer Zusammensetzung AB_{ss2} und entsprechen der gewählten Ausgangszusammensetzung X.

Bei weiterer Abkühlung ändert sich die Zusammensetzung der Kristalle nicht mehr. Das Gefüge ist einphasig.

Kristallisationsverlauf im isomorphen System im Ungleichgewicht

Die Tatsache, dass einhergehend mit der Temperaturänderung und damit der Änderung der Zusammensetzung des koexistierenden Mischkristalls AB_{ss} dieser sich bis in den Kern chemisch wieder angleicht, ist sehr unwahrscheinlich. Vielmehr wird sich eine Zonierung mit der jeweils temperaturabhängigen Mischkristallzusammensetzung bilden.

Das Prinzip wird in ◨ Abb. 4.13c veranschaulicht. Zur Verdeutlichung des Prinzips sind drei Temperatursprünge dargestellt. Bei T_1 kristallisieren aus der Schmelze L_1 Kristallite der Zusammensetzung AB_{ss1}. Die Kristalle werden sich bei Temperaturänderung nicht entsprechend dem neuen Gleichgewicht rekombinieren, nur die Schmelze ändert ihre Zusammensetzung und scheidet bei T_2 einen Saum AB_{ss2} um den Kern AB_{ss1} aus. Gleiches gilt für die Temperaturen T_3 und T_4. Es bilden sich zonierte Kristallite mit Kern AB_{ss1} und Säumen Ab_{ss2}, AB_{ss3} und AB_{ss4}. Zu beachten ist, dass die Zusammensetzung der Säume über die ursprüngliche Zusammensetzung der betrachteten Mischung hinwegläuft. Wie weit dies geschieht, hängt vom speziellen System, den Verläufen der Liquidus- und Solidus-Linien sowie von der tatsächlichen Menge der Schmelzen ab. Sobald diese Schmelzen aufgebraucht sind, endet die segregierte Kristallisation im Ungleichgewicht.

Variationen des isomorphen Systems

Der Verlauf der Liquidus- und Solidus-Linien kann aber auch ganz ungleichmäßig verlaufen. In ◨ Abb. 4.14 sind isomorphe Systeme mit Mischkristallmaxima (◨ Abb. 4.14a) und -minima (◨ Abb. 4.14b) dargestellt.

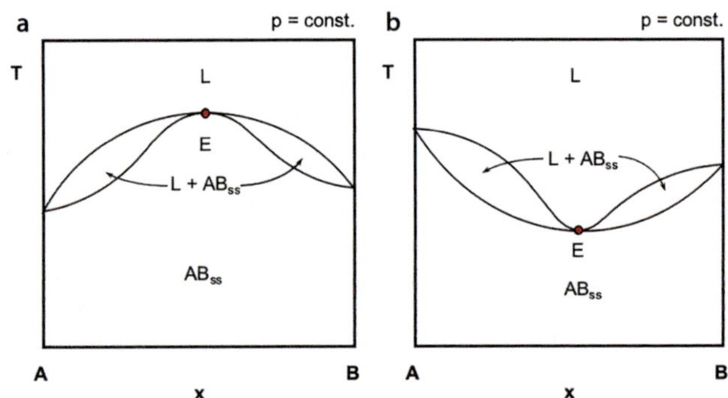

Abb. 4.14   **a** Isomorphes System mit Mischkristallmaximum. **b** Isomorphes System mit Mischkristallminimum

Vom eutektischen System zum isomorphen System

Im Folgenden soll der Grundtyp des eutektischen Systems über verschiedene Schritte in den Typ des isomorphen Systems überführt werden (■ Abb. 4.15a–e). Diese Zwischenschritte sind rein geometrische, prinzipielle Überlegungen.

Das eutektische System zeigt im Grundtyp keine Phasenbreiten der Randphasen A und B. Beim isomorphen System hingegen findet sich eine lückenlose Mischbarkeit zwischen den Randphasen. Wann Mischbarkeiten oder Phasenbreiten auftreten können, wird durch kristallographische und kristallchemische Zusammenhänge beeinflusst. Näheres dazu findet sich in ▶ Kap. 2.

Prinzipiell lässt jedes Material den Einbau von verunreinigenden Komponenten zu. Die entscheidende Frage ist nur, in welcher Menge. Es gibt in den verschiedenen Disziplinen der Natur- und Materialwissenschaften unterschiedliche

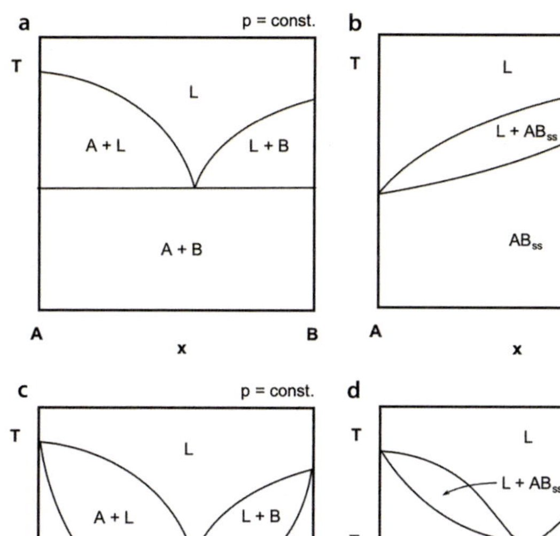
a
p = const.
T
L
A + L
L + B
A + B
A
B
x

b
p = const.
T
L
L + AB_ss
AB_ss
A
B
x

c
p = const.
T
L
A + L
L + B
T_E
A_ss
B_ss
E
T_1
A_ss + B_ss
A_ss1
B_ss1
A
B
x

d
p = const.
T
L
L + AB_ss
T_E
E
AB_ss
T_SP
SP
T_1
A_ss
A_ss + B_ss
B_ss
Solvus
A_ss1
B_ss1
A
B
x

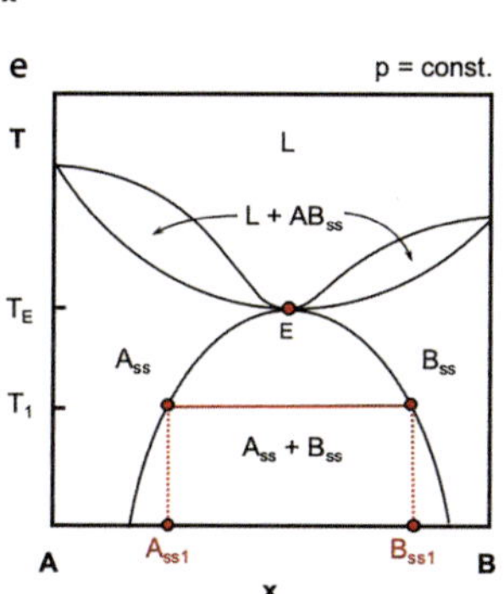
e
p = const.
T
L
L + AB_ss
T_E
E
A_ss
B_ss
T_1
A_ss + B_ss
A_ss1
B_ss1
A
B
x

◄ ◘ **Abb. 4.15**   **a** Typisches eutektisches System. **b** Typisches isomorphes System. **c** Eutektisches System mit begrenzten Mischkristallbereichen der Randphasen A und B. **d** Isomorphes System mit Solvus im Sub-Solidus. **e** Eutektisches System mit sehr weiten Mischkristallbereichen der Randphasen A und B bzw. – anders beschrieben – isomorphes System mit deutlicher Solvus-Bildung bis zum Liquidus

Verständnisse der Begrifflichkeiten für die chemische Variabilität. Als sinnvoll haben sich folgende Einteilungen erwiesen:

- Dotierung: Einbau von Fremdionen bis zu mehreren 1er %en
- Phasenbreite: Einbau von Fremdionen bis zu 10 %
- Mischkristall: Einbau von Fremdionen bis zu mehreren 10er %en
- Lückenloser Mischkristall: Keine Begrenzung der Mischbarkeit.

Auch wenn diese Einteilung so in nicht allen Fachrichtungen verbreitet ist, gibt sie doch eine klarere Vorstellung der vorliegenden chemischen Variationen wider.

In ◘ Abb. 4.15a ist das typische eutektische System dargestellt. Die Randphasen A und B bilden keine Phasenbreiten oder Mischkristalle durch den Einbau der jeweils anderen Komponente.

In ◘ Abb. 4.15b ist das typische isomorphe System dargestellt. Es besteht zwischen den Randphasen A und B eine lückenlose Mischbarkeit AB_{ss}.

In ◘ Abb. 4.15c zeigt das eutektische System begrenzte Mischkristallbereiche A_{ss} und B_{ss} der Randphasen A und B. Bei einer gewählten Temperatur T_1 koexistieren im Zweiphasenbereich A_{ss} und B_{ss} jeweils Grenzmischkristalle mit maximalem Einbau der anderen Komponente A_{ss1} und B_{ss1}.

In ◘ Abb. 4.15d bildet sich im Sub-Solidus des isomorphen Systems ein Bereich der Nichtmischbarkeit, ein sogenannter Solvus. Er trennt die Mischkristallbereiche A_{ss} und B_{ss}. Diese

Mischungslücke schließt sich am Schließungspunkt SP bei der Temperatur T_{SP} (gestrichelte Linie). Oberhalb dieser Temperatur bis zum Eutektikum mit der Temperatur T_E liegt wieder ein lückenloser Mischkristall AB_{ss} vor. Bei einer gewählten Temperatur T_1 koexistieren im Zweiphasenbereich A_{ss} und B_{ss} des Solvus die jeweiligen Grenzmischkristalle mit maximalem Einbau der anderen Komponente A_{ss1} und B_{ss1}.

Die Phasenbeziehungen in ▣ Abb. 4.15e lassen sich durch zwei unterschiedliche Entwicklungsabläufe erläutern, je nachdem, ob man vom eutektischen System oder vom isomorphen System ausgeht. Sie enden in einem identischen Prinzip.

Vom eutektischen System kommend liegen nun deutliche Mischkristallbereiche für A_{ss} und B_{ss} vor, deren Maximalbreiten sich im Eutektikum treffen. Vom eutektischen System kommend hat sich der Solvus so weit ausgebreitet, dass der Schließungspunkt nun das Eutektikum getroffen hat und kein lückenloser Mischkristallbereich AB_{ss} existiert.

Bei einer gewählten Temperatur T_1 koexistieren im Zweiphasenbereich A_{ss} und B_{ss} die jeweiligen Grenzmischkristalle mit maximalem Einbau der anderen Komponente A_{ss1} und B_{ss1}.

Binäre Systeme mit Phasenbreiten der Verbindungen

In ▣ Abb. 4.16 ist ein allgemeines binäres eutektisches System mit deutlichen Mischkristallbereichen der Randphasen A und B dargestellt.

Die Randphase A zeigt eine Phasenumwandlung von der Tieftemperaturmodifikation α in die Hochtemperaturmodifikation β. A schmilzt kongruent am Schmelzpunkt T_{SA}. Die Modifikation α bildet einen begrenzten Mischkristall α_{ss} aus, der seine Maximalausdehnung bei der Temperatur T_{EO} hat. Die Modifikation β bildet einen begrenzten Mischkristall β_{ss} aus.

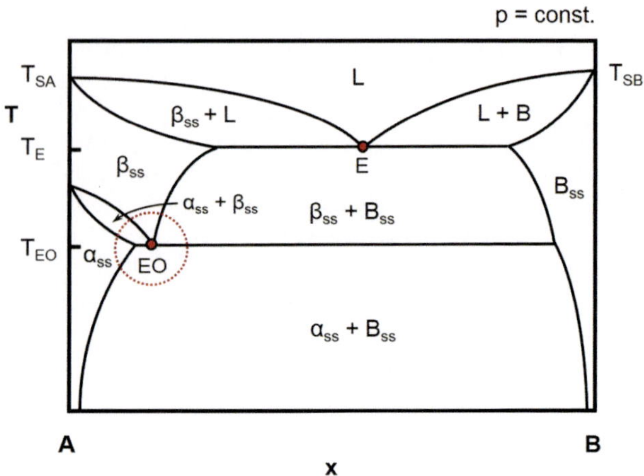

Abb. 4.16   Allgemeines binäres eutektisches System mit deutlichen Mischkristallbereichen der Randphasen A und B. Phase A zeigt eine Phasenumwandlung von α in β

Durch den Einbau der Komponente B senkt sich die untere thermische Stabilität bis zur Temperatur T_{EO}. Die maximale Mischkristallbreite wird bei der eutektischen Temperatur T_E erreicht. Der Punkt EO wird als Eutektoid bezeichnet, da in ihm, wie beim Eutektikum, drei Phasen im Gleichgewicht vorliegen. Im Eutektoid liegt aber keine Schmelze neben zwei festen Phasen vor, sondern drei feste Phasen. Die Randphase B bildet auch einen deutlichen Mischkristallbereich, zeigt aber keine Phasenumwandlung.

In **Abb. 4.17** ist ein allgemeines binäres eutektisches System mit einer intermediären Phase AB_x dargestellt.

Die Randphasen A und B bilden deutliche Mischkristallbereiche A_{ss} und B_{ss} und schmelzen kongruent. Die intermediäre Phase bildet ebenfalls einen deutlichen Mischkristallbereich

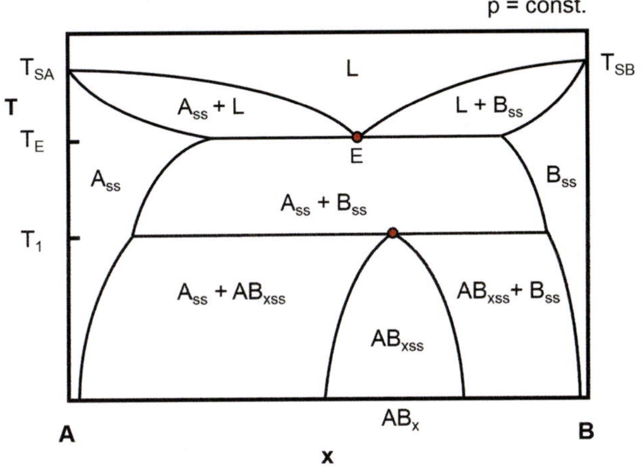

◘ Abb. 4.17   Allgemeines binäres eutektisches System mit einer intermediären Phase AB_x

AB_{xss}, sowohl zur A-reichen Seite als auch zur B-reichen Seite, aus. AB_{xss} hat eine obere Stabilitätsgrenze im Sub-Solidus bei der Temperatur T_1.

In ◘ Abb. 4.18 ist ein allgemeines binäres eutektisches System mit einem Bereich zweier nicht mischbarer Schmelzen dargestellt.

Auf der A-reichen Seite im Hyper-Liquidus ist ein Bereich zweier nicht mischbarer Schmelzen (2 L) zu finden. Dieses Phänomen endet im Schließungspunkt SP bei der Temperatur T_{SP}. Es ist im Prinzip mit einem Solvus zu vergleichen, nur dass diese Nichtmischbarkeit in der Schmelze auftritt. Es findet sich sehr häufig in Systemen mit der Komponente SiO_2 und dort bei hohen SiO_2-Gehalten. Bei einer gewählten Temperatur T_1 koexistieren im Zweiphasenbereich des Solvus die jeweiligen nicht mischbaren Schmelzen L_1 und L_2.

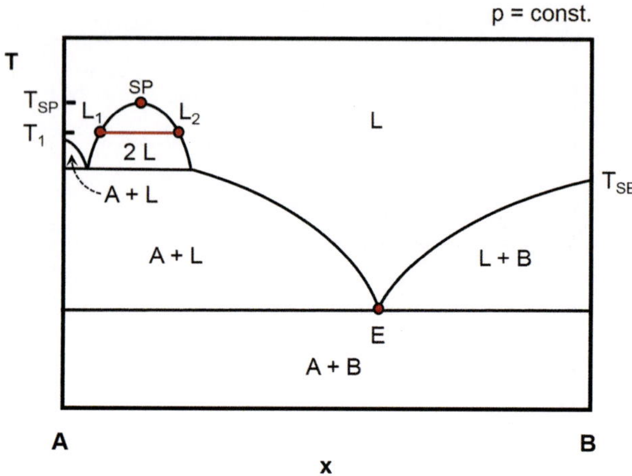

Abb. 4.18   Allgemeines binäres eutektisches System mit einem Bereich zweier nicht mischbarer Schmelzen

4.5 Ternäre Systeme

Hier soll nur ein Einstieg in das Verständnis ternärer Systeme gegeben werden.

Die Darstellung ternärer Systeme im Druck-Temperatur-Raum lässt sich weder drei- noch zweidimensional umsetzen. Wie auch schon bei den binären Systemen wählt man häufig den Druck als konstant vorgegeben. Dabei wird in technisch relevanten Systemen der Normaldruck vorausgesetzt.

Bei der Darstellung ternärer Systeme wird immer ein gleichseitiges (gleichschenkeliges) Dreieck zugrunde gelegt. Für die Benennung des ternären Systems wird immer links unten begonnen und entgegen dem Uhrzeigersinn aufgezählt.

Liquidus-Diagramme

◘ Abb. 4.19 zeigt eine prinzipielle Konstruktionsgrundlage eines ternären Systems A–B–C.

Dabei sind die binären Randsysteme A–B, B–C und C–A zweidimensional aufgeklappt dargestellt. Im ternären System sind die Schmelzpunkte der einzelnen Eckphasen A, B und C unabhängig vom Systempartner. Die eutektischen (Solidus-) Temperaturen hingegen gelten nur für die jeweiligen binären Systeme. So ist z. B. die eutektische Temperatur für A–B (T_{EAB})

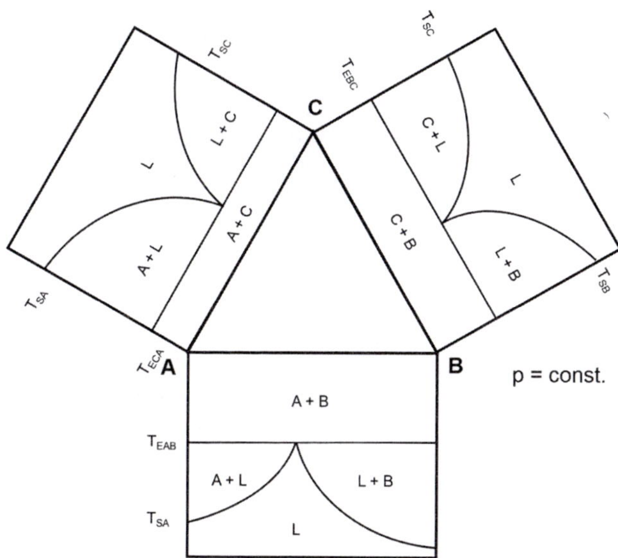

◘ **Abb. 4.19** Prinzipielle Konstruktionsgrundlage eines ternären Systems A–B–C aus den binären Randsystemen, zweidimensional aufgeklappt

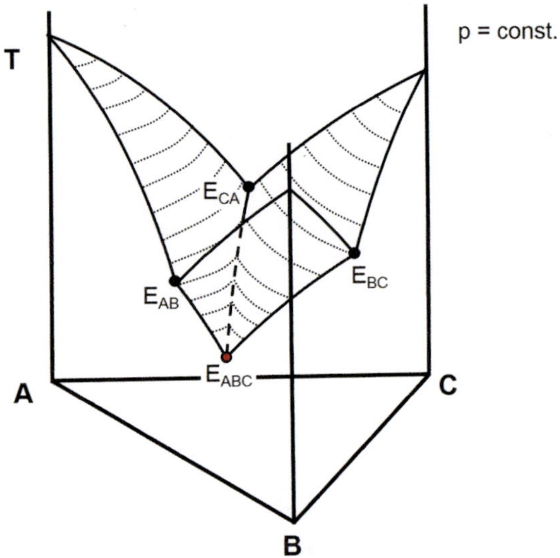

◘ Abb. 4.20   Darstellung der Liquidus-Flächen des ternären Systems A–B–C in Abhängigkeit von der Temperatur

anders als die für C–A (T_{ECA}). Analoges gilt für die eutektische Temperatur T_{EBC}. Nicht nur die eutektischen binären Temperaturen, sondern auch die Lage der binären Eutektika sind abhangig vom jeweiligen System.

Stellt man nun die Temperaturskalen senkrecht auf das ternäre System (◘ Abb. 4.20), so hat man eine korrekte Darstellung bei konstantem Druck.

In ◘ Abb. 4.20 sind nur die Liquidus-Flächen dargestellt. Deutlich kann man die binären Eutektika E_{AB}, E_{BC} und E_{CA} erkennen. Die Liquidus-Flächen wölben sich wie Segel dreidimensional in den Raum, verdeutlicht durch gestrichelt dargestellte Isothermen. Von den binären Eutektika (bzw. Invarianzpunkten) fällt die

Temperatur entlang eutektischer (bzw. invarianter) Rinnen in das ternäre System hinein, bis das ternäre Eutektikum E_{ABC} erreicht ist. Dies stellt in diesem ternären System ohne intermediäre Phasen das absolute Temperaturminimum auftretender Schmelze dar.

Diese Darstellung ist aber immer noch nicht zielführend. Daher wird die Temperaturskala auf das ternäre System projiziert (● Abb. 4.21), sodass man nun „von oben" auf das ternäre Diagramm und die eutektischen Rinnen blickt.

Diese Projektion ist wie eine topographische Karte zu lesen. Die Temperaturisothermen entsprechen Höhenlinien und die invarianten Rinnen Tälern. Der Winkel zwischen den invarianten Rinnen im ternären Invarianzpunkt muss immer kleiner als 180° sein!

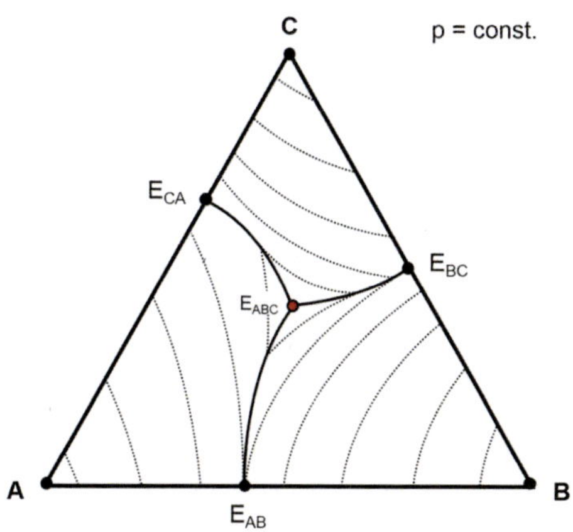

● **Abb. 4.21** Zweidimensionale Darstellung von Liquidus-Beziehungen des ternären Systems A–B–C durch Projektion der Temperatur auf die Zeichenebene

Die Primärausscheidungsfelder A, B und C werden von den invarianten Rinnen, den sog. Feldergrenzen separiert. Das Primärausscheidungsfeld A ist so definiert, dass eine betrachtete Zusammensetzung von höheren Temperaturen kommend die Liquidus-Fläche durchsticht. Dort kristallisiert die Phase aus, deren Primärausscheidungsfeld unter der Liquidus-Fläche liegt. Auf den Feldergrenzen (invarianten Rinnen) liegen beide Phasen, deren Primärausscheidungsfelder von ihr getrennt werden, plus eine Schmelze vor.

Isotherme Schnitte

In ■ Abb. 4.22a, b sind zwei isotherme Schnitte der allgemeinen Darstellung des ternären Systems A–B–C ohne intermediäre Phasen dargestellt.

Zur Konstruktion des isothermen Schnittes bei der Temperatur T_1 ist die zugehörige Isotherme farbig markiert (rot). Bei dieser Temperatur T_1 sind alle Bereiche niedrigerer Liquidus-Temperatur komplett aufgeschmolzen (rot hinterlegt).

Am Schnittpunkt der Isothermen mit einer Feldergrenze liegen drei Phasen im Gleichgewicht vor: die beiden Phasen, deren Primärausscheidungsfelder von der Feldergrenze getrennt sind, und eine Schmelze, deren Zusammensetzung mit dem Schnittpunkt der Isotherme mit der Feldergrenze gegeben ist (grau hinterlegt). Zwischen diesen Dreiphasenfeldern spannen sich Konodenfächer auf, die jede Schmelzzusammensetzung, definiert durch die Isotherme, in diesem Zweiphasenfeld mit der primär dort ausscheidenden Phase ins Gleichgewicht setzen.

Betrachtet man nun eine ausgewählte Zusammensetzung, so kann man ablesen, in welchem Feld sie sich befindet und welche Phasen welcher Zusammensetzung und Menge dort bei dieser Temperatur des isothermen Schnittes vorliegen.

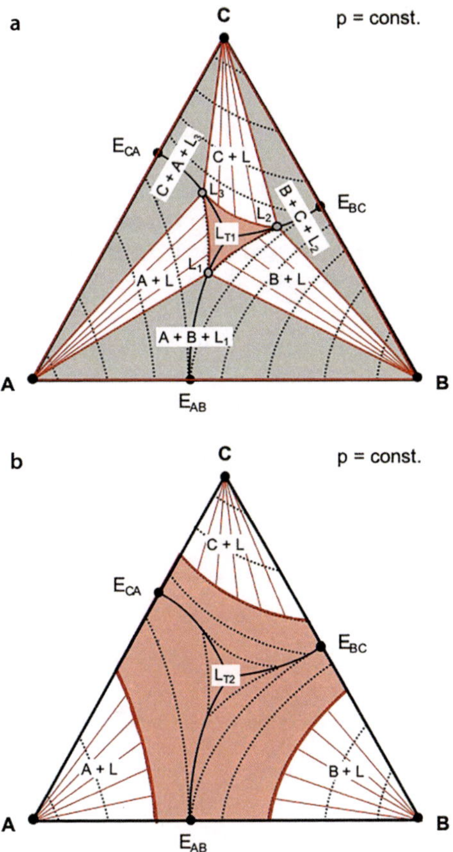

Abb. 4.22 Isotherme Schnitte der allgemeinen Darstellung des ternären Systems A–B–C ohne intermediäre Phasen. **a** Bei der Temperatur T_1. **b** Bei der Temperatur T_2

In ◘ Abb. 4.22b wird ein isothermer Schnitt bei einer höheren Temperatur T_2 dargestellt.

Da die Isotherme keinen Schnittpunkt mit einer Feldergrenze zeigt, finden sich keine Dreiphasenfelder, sondern nur Zweiphasenfelder mit Konodenfächern.

Liquidus-Beziehungen im ternären System mit binärer intermediärer kongruent schmelzender Phase

In ◘ Abb. 4.23 ist ein allgemeines ternäres System A–B–C mit binärer intermediärer Phase AB_x dargestellt.

Die kongruent schmelzende binäre intermediäre Phase AB_x bringt jetzt ein weiteres binäres Eutektikum und ein weiteres

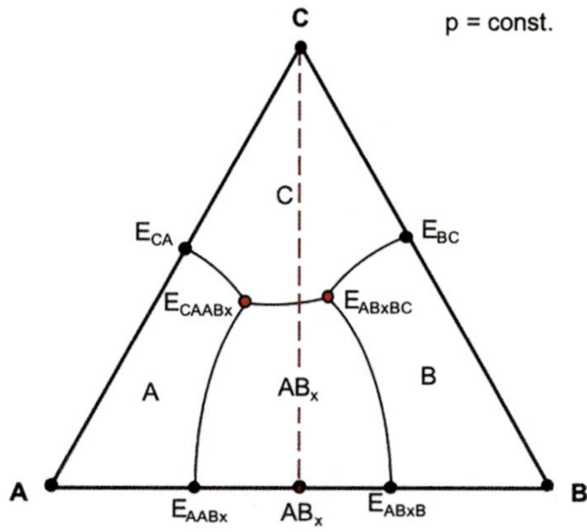

◘ **Abb. 4.23**   Allgemeines ternäres System A–B–C mit binärer intermediärer kongruent schmelzender Phase AB_x

Primärausscheidungsfeld in das ternäre System ein. Daraus resultieren nun zwei ternäre Eutektika E_{CAABx} und E_{ABxBC}.

Analog zum binären System A–B mit intermediärer kongruent schmelzender Phase AB_x kann man das System als zwei nebeneinanderliegende ternäre Systeme (AB_x–B–C und A–AB_x–C) ohne intermediäre Phase ansehen, die schematisch durch die gestrichelte Linie getrennt werden.

Liquidus-Beziehungen im ternären System mit ternärer kongruent schmelzender Phase

In ■ Abb. 4.24 sind die Liquidus-Beziehungen eines allgemeinen ternären Systems A–B–C mit ternärer Phase D dargestellt.

Die kongruent schmelzende ternäre Phase D bringt nun drei weitere ternäre Eutektika, E_{T1}, E_{T2} und E_{T3}, und ein weiteres Primärausscheidungsfeld in das ternäre System. Für die bildliche

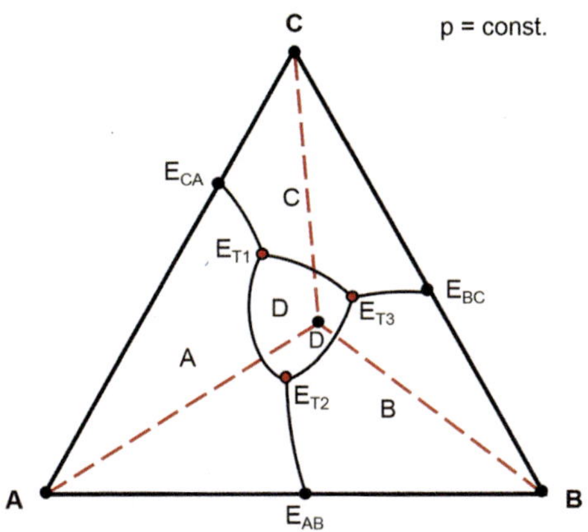

■ **Abb. 4.24**   Allgemeines ternäres System A–B–C mit ternärer kongruent schmelzender Phase D

Vorstellung des Systems gilt es, dabei zu beachten, dass das Primär-ausscheidungsfeld von D in der Mitte nicht nach unten, sondern nach oben gewölbt ist. Die drei Eutektika bilden die jeweils tiefsten Temperaturen.

Dieses ternäre Liquidus-Diagramm kann als drei neben-einanderliegende ternäre Systeme ohne intermediäre Phase angesehen werden (z. B. A–B–D), die schematisch durch die gestrichelten Linien getrennt werden.

Vom Liquidus-Diagramm zur Sub-Solidus-Konodenbeziehung

Jede Feldergrenze erfordert zwingend eine Konodenbeziehung im Sub-Solidus zwischen diesen koexistierenden Phasen. Es ist zu beachten, dass die Sub-Solidus-Beziehungen nur direkt unterhalb der jeweiligen eutektischen Temperatur gelten und in einem ternären System nicht einheitlich isotherm für das gesamte System gelten!

■ Abb. 4.25 zeigt die Korrelation der jeweiligen Felder-grenze mit der zugehörigen Konode. Dabei sind die Zugehörig-keiten zwischen Konode und Feldergrenze durch den jeweiligen Strichtyp und die Art der Linie durch die Farbe (Schwarz für Konode und Rot für Feldergrenze) dargestellt.

Alkemadische Regel

Alkemadische Linien bezeichnen Gleichgewichtslinien, sog. Konoden. Die Alkemadische Regel gibt uns ein Werk-zeug an die Hand, um den Temperaturverlauf auf Felder-grenzen (eutektische, peritektische und invariante Rinnen) zu

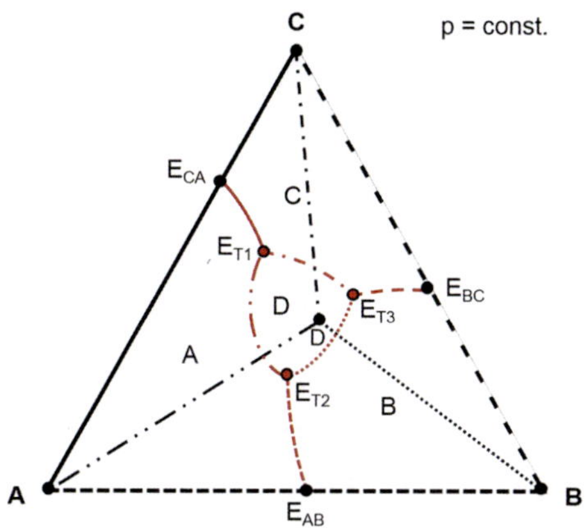

Abb. 4.25 Allgemeines ternäres System A–B–C mit ternärer kongruent schmelzender Phase D. Korrelation der jeweiligen Feldergrenze (rot) mit der zugehorigen Konode (schwarz)

bestimmen. Sie lautet: Die Temperatur auf der Feldergrenze fällt von der zugehörigen Konode weg. Manchmal liegen Konode und Feldergrenze weit voneinander entfernt. Dann kann die Konode rück- oder vorwärts verlängert werden, um den Temperaturverlauf deutlicher erkennen zu können. Eine Parallelverschiebung darf nicht vorgenommen werden!

Kreuzen sich Konode und Feldergrenze, so gilt diese Regel auch; es liegt dann ein Sattelpunkt an dem Kreuzungspunkt vor, von dem zu jeder Seite die Temperatur fällt. In **Abb. 4.26** ist dies exemplarisch für die Feldergrenze und Konode zwischen den Phasen D und B in Rot hervorgehoben und für die anderen Feldergrenzen analog eingetragen.

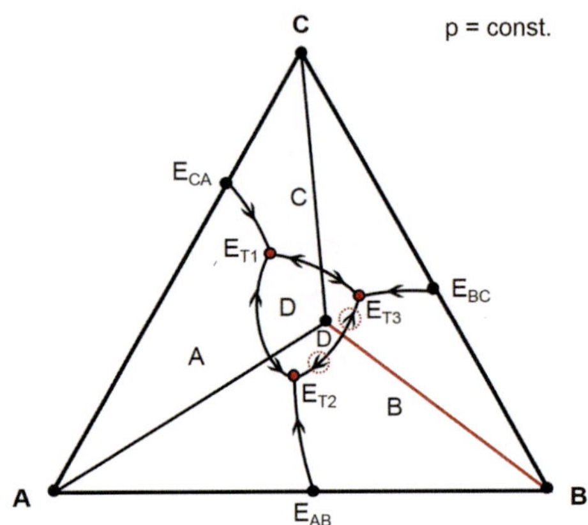

Abb. 4.26   Allgemeines ternäres System A–B–C mit ternärer kongruent schmelzender Phase D mit Liquidus- und Sub-Solidus-Beziehungen. Anwendung der Alkemadischen Regel zur Ableitung des Temperaturverlaufs auf den Feldergrenzen

Unterscheidung von ternären Eutektika und Peritektika

Ein Eutektikum ist ein lokales Minimum, der Temperaturverlauf auf den im Eutektikum zusammentreffenden Feldergrenzen „fällt hinein". Ein Peritektikum ist ein relatives Minimum, der Temperaturverlauf von mindestens einer der im Peritektikum zusammentreffenden Feldergrenzen „fällt wieder hinaus" (■ Abb. 4.27).

Bisher hatten wir nur Eutektika als Invarianzpunkte in den ternären Beispielsystemen diskutiert. Das Auftreten eines Peritektikums ist zwingend an inkongruentes Schmelzverhalten einer oder mehrerer Phasen gebunden.

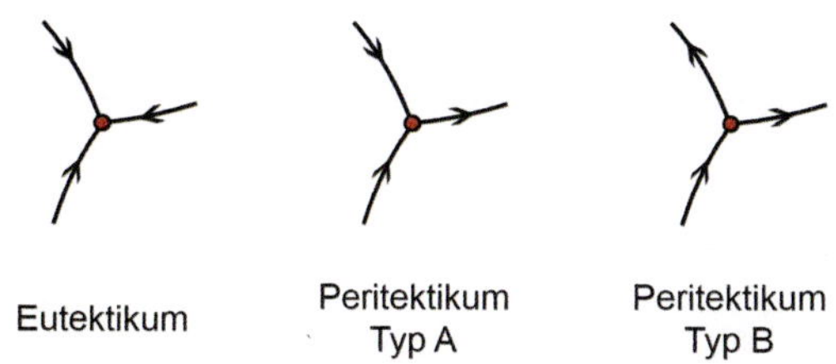

◼ Abb. 4.27 Prinzipieller Temperaturverlauf beim ternären Eutektikum bzw. bei Peritektika

Im Falle binärer Systeme erkennt man das Schmelzverhalten sehr einfach an den temperaturabhängigen Phasenbeziehungen. Die inkongruent schmelzende Substanz hat eine obere Stabilitätsgrenze, bei der sich die Phase in eine Schmelze und eine feste Phase – beide anderer Zusammensetzung – zersetzt.

Betrachtet man an dieser Stelle noch einmal binäre Systeme mit kongruent bzw. inkongruent schmelzender intermediärer Phase von hohen Temperaturen kommend bezüglich der Primärausscheidung (◼ Abb. 4.28a, b), zeigt sich auch so ein Unterschied.

Aus der Schmelze kommend trifft man bei kongruent schmelzenden Randphasen und der intermediären Phase AB_x (◼ Abb. 4.28a) auf die jeweiligen Primärausscheidungsfelder. Vom Liquidus aus gesehen liegen hier die Phasen A, AB_x und B in oder an ihrem Primärausscheidungsfeld (grau hinterlegt).

Aus der Schmelze kommend trifft man bei der inkongruent schmelzenden intermediären Phase AB_x (◼ Abb. 4.28b) im rot markierten Bereich des Liquidus auf ihr Primärausscheidungsfeld. Vom Liquidus aus gesehen liegt aber die Phase AB_x neben ihrem Primärausscheidungsfeld.

Auf ternäre Systeme übertragen bedeutet das, dass Phasen, die kongruent schmelzen, an oder in ihrem Primärausscheidungsfeld liegen. Inkongruent schmelzende Phasen hingegen liegen neben

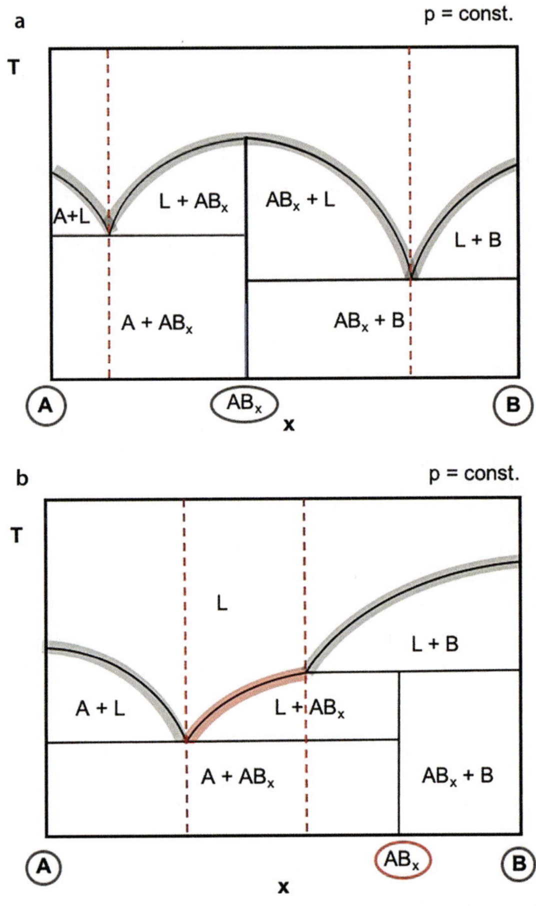

Abb. 4.28   a Darstellung allgemeiner binärer Systeme A–B mit kongruent schmelzender intermediärer Phase AB_x. **b** Darstellung allgemeiner binärer Systeme A–B mit inkongruent schmelzender intermediärer Phase AB_x

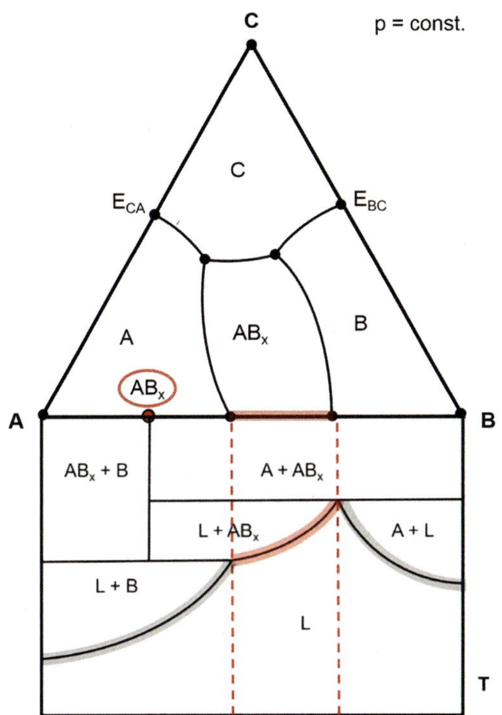

◨ Abb. 4.29 Darstellung eines allgemeinen ternären Liquidus-Diagramms A–B–C mit binärem Randsystem A–B mit inkongruent schmelzender intermediärer Phase AB_x. Korrelation Primäraus-scheidungsfeld AB_x und Lage der Phase AB_x

ihrem Primärausscheidungsfeld. Somit kann das Schmelzver-halten stabiler Phasen direkt aus dem Liquidus-Phasendiagramm abgelesen werden (◨ Abb. 4.29).

In ◨ Abb. 4.30 ist der Temperaturverlauf auf den Felder-grenzen mit einer ternären inkongruent schmelzenden Phase D

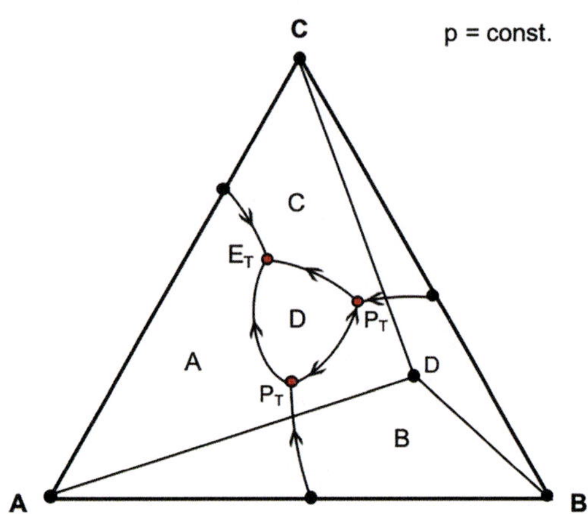

⬤ Abb. 4.30   Allgemeines ternäres System A–B–C mit ternärer inkongruent schmelzender Phase D. Anwendung der Alkemadischen Regel zur Ableitung des Temperaturverlaufs auf den Feldergrenzen

eingetragen. Dadurch ergibt sich neben den ternären Eutektika E_T auch ein ternäres Peritektikum P_T.

Korrelation Sub-Solidus- und Liquidus-Phasenbeziehungen in ternären Systemen

Die Sub-Solidus-Beziehungen in ternären Systemen geben die Zweiphasenfelder (oft zu Konoden degeneriert) und die Dreiphasenfelder wider. Falls diese nicht dargestellt sind, können sie aus den Liquidus-Beziehungen abgeleitet werden. Für jedes Dreiphasenfeld kann ein zugehöriger Invarianzpunkt mit Temperatur und Zusammensetzung aus dem Liquidus-Diagramm zugeordnet werden.

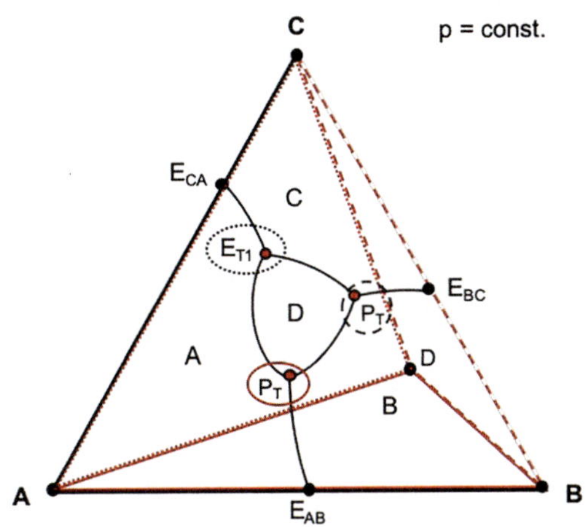

◧ Abb. 4.31 Allgemeines Liquidus-Diagramm mit Sub-Solidus-Beziehungen des ternären Systems A–B–C mit einer inkongruent schmelzenden Verbindung D. Korrelation von Dreiphasenfeld und zugehörigem Invarianzpunkt

In ◧ Abb. 4.31 ist ein allgemeines Liquidus-Diagramm mit Sub-Solidus-Beziehungen des ternären Systems A–B–C mit einer inkongruent schmelzenden Verbindung D dargestellt. Es finden sich drei Dreiphasenfelder:

1. A–B–D (rote durchgezogene Linie)
2. B–C–D (rote gestrichelte Linie)
3. D–C–A (rote gepunktete Linie)

Die zugehörigen Invarianzpunkte, zwei E_T und ein P_T, finden sich an den Tripelpunkten der jeweiligen Primärausscheidungsfelder (Linienmarkierung analog zum Dreiphasenfeld).

Da die Phase D inkongruent schmilzt, liegt ein Invarianzpunkt als Peritektikum P_T außerhalb des zugehörigen Dreiphasenfeldes vor.

Kristallisationsbahnen in ternären Systemen

In Abb. 4.32 ist das Prinzip zweier Kristallisationsbahnen (1 und 2) im allgemeinen Liquidus-Diagramm des ternären Systems A–B–C mit einer inkongruent schmelzenden Verbindung D eingetragen.

Kristallisationsbahn für Zusammensetzung 1: Aus der Schmelze kommend trifft die betrachtete Mischung 1 die Liquidus-Fläche über dem Primärausscheidungsfeld A. Bei weiterer Temperaturerniedrigung kristallisiert die Phase A aus. Dadurch

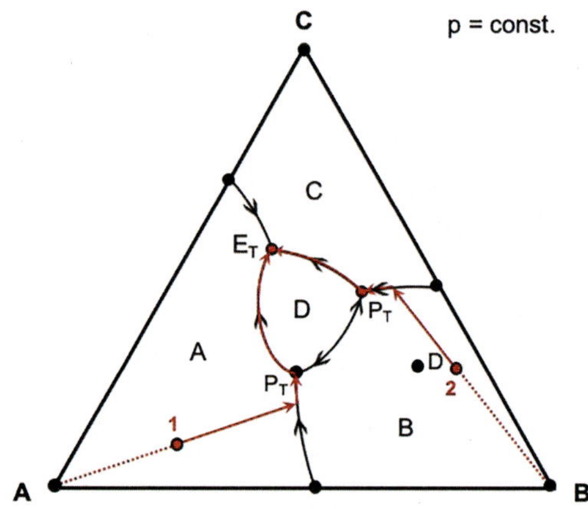

Abb. 4.32   Allgemeines Liquidus-Diagramm des ternären Systems A–B–C mit einer inkongruent schmelzenden Verbindung D mit prinzipieller Darstellung zweier Kristallisationsbahnen

verarmt die Schmelze an A und folgt der Kristallisationsbahn von der Zusammensetzung 1 weg Richtung Feldergrenze. Diese Bahn wird geometrisch als Strahl ausgehend von der primär ausscheidenden Phase (hier A) durch die betrachtete Zusammensetzung 1 konstruiert. Beim Treffen auf die Feldergrenze kristallisiert als zweite Phase B aus, und die Zusammensetzung der Schmelze und damit die Kristallisationsbahn folgt der Feldergrenze A+B bis zum Peritektikum P_T. Dort folgt die Kristallisationsbahn der Feldergrenze A+D und endet theoretisch im ternären Eutektikum. Hier kristallisiert die Restschmelze feinkörnig mit eutektischen Gefüge der hier im Gleichgewicht vorliegenden Phasen A+C+D als Matrix aus. Ob dieses ternäre Eutektikum erreicht wird, hängt von den tatsächlichen Mengen der Schmelze und anderen Parametern ab, die der hier vorgestellte allgemeine Fall nicht lösen kann.

Im Gleichgewichtsfall müsste sich die Phase B während des Verlassens des Peritektikums entlang der Feldergrenze A+D mit Schmelze komplett zu D rekombinieren, was aber aus kinetischen Gründen nicht geschieht. Es bleiben B-Kerne von D umwachsen im Ungleichgewichtsfall zurück, der meistens der „Normalität" entspricht.

Kristallisationsbahn für Zusammensetzung 2: Aus der Schmelze kommend trifft die betrachtete Mischung 2 die Liquidus-Fläche über dem Primärausscheidungsfeld B. Bei weiterer Temperaturerniedrigung kristallisiert die Phase B aus. Dadurch verarmt die Schmelze an B und folgt der Kristallisationsbahn von der Zusammensetzung 2 weg Richtung Feldergrenze. Diese Bahn wird geometrisch als Strahl ausgehend von der primär ausscheidenden Phase (hier B) durch die betrachtete Zusammensetzung 2 konstruiert. Beim Treffen auf die Feldergrenze kristallisiert als zweite Phase C aus, und die Zusammensetzung der Schmelze und damit die Kristallisationsbahn folgt der Feldergrenze C+B bis zum ternären Eutektikum.

Dort folgt die Kristallisationsbahn der Feldergrenze C + D und endet theoretisch im ternaren Eutektikum. Hier kristallisiert die Restschmelze feinkornig mit eutektischen Gefuge der hier im Gleichgewicht vorliegenden Phasen A + C + D als Matrix aus. Ob dieses ternare Eutektikum erreicht wird, hangt von den tatsachlichen Mengen der Schmelze und anderen Parametern ab, die der hier vorgestellte allgemeine Fall nicht losen kann.

Bestimmung der Mengenverhältnisse der koexistierenden Phasen bei Kristallisationsbahnen in ternären Systemen

Nun stellt sich noch die Frage, wie die Mengenverhältnisse der koexistierenden Phasen bei Kristallisationsbahnen in ternären Systemen bestimmt werden. Dies ist in ◙ Abb. 4.33 verdeutlicht. Die jeweiligen Temperaturen und der Verlauf der Feldergrenze geben die jeweiligen Zusammensetzungen der Schmelze an – analog zur Liquidus-Linie im allgemeinen binären System.

Betrachtet wird die Zusammensetzung X. Auf der Kristallisationsbahn bis zum Erreichen der Feldergrenze A + B gilt das Hebelgesetz.

Bei Temperatur T_1 liegt eine Schmelzmenge entsprechend der Strecke AX bezogen auf die Gesamtmenge AT_1 vor: $L\% = [(AX)/(AT_1)] \cdot 100$. Analog gilt für A: $A\% = [(XT_1)/(AT_1)] \cdot 100$.

Sobald die Feldergrenze A + B bei T_2 erreicht ist, gilt das Dreiphasenfeld $A–B–T_2$ (lang gestricheltes Dreieck in ◙ Abb. 4.33). Da die Temperatur T_2 genau auf dem Auftreffpunkt der Kristallisationsbahn mit der Feldergrenze A + B liegt, findet sich der Punkt der Zusammensetzung X nicht im Dreiphasenfeld, da die Phase B noch nicht auskristallisiert ist. Der Anteil der auskristallisierten Phase A und die verbliebene

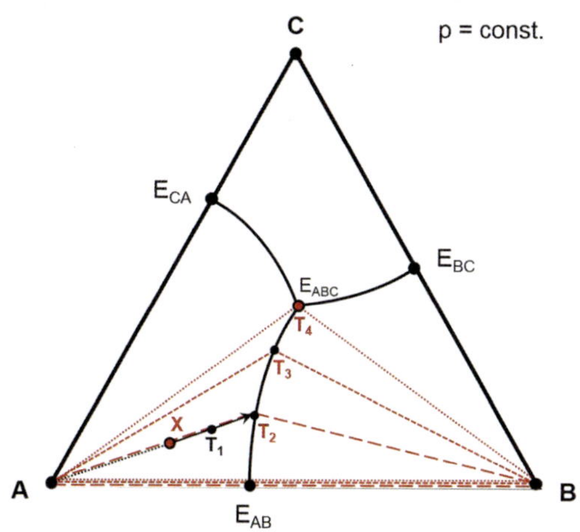

☐ **Abb. 4.33**   Bestimmung der Mengenverhältnisse der koexistierenden Phasen bei Kristallisationsbahnen im allgemeinen ternären System A–B–C

Schmelzmenge lassen sich entsprechend der Strecke AX bezogen auf die Gesamtmenge AT2 analog der Berechnung fur T1 bestimmen.

Bei Temperatur T_3 gilt das Dreiphasenfeld A–B–T_3 (rot gestrichelt). Der Punkt der Zusammensetzung X gibt die Mengenverhältnisse der koexistierenden Phasen an.

Bei Temperatur T_4 gilt das Dreiphasenfeld A–B–T_4 (rot gepunktet). Der Punkt der Zusammensetzung X in diesem Dreiphasenfeld gibt auch hier wiederum die Mengenverhältnisse der koexistierenden Phasen an. Hier ist nun das ternäre Eutektikum erreicht, und neben den auskristallisierten Phasen, primär A, dann B, wird die Restschmelze eutektischer Zusammensetzung bei weiterer Temperaturerniedrigung feinkörnig aus A, B und C die Matrix bilden.

Serviceteil

M. Göbbels et al., *Physikalisch-chemische Mineralogie kompakt*,
https://doi.org/10.1007/978-3-662-60728-2

Stichwortverzeichnis

A

B

C

D